国家自然科学基金资助项目 -51508286

图解青岛里院建筑

Diagram of Qingdao Historical Architecture

赵琳　成帅　徐飞鹏　王辉　著

中国建筑工业出版社

前言

　　建置之前的青岛，只是胶州湾的普通渔村。清光绪十七年（1891年），光绪皇帝批准在胶州湾派兵驻防，青岛的战略要冲地位开始提升并得到清政府关注。次年，建胶澳镇守衙门，是为青岛建置之始。1897年11月，德军登陆青岛，青岛作为城市层级的大规模建设与规划进程正式展开。

　　从1898年9月德国殖民政府颁行了首个现代意义上的青岛总体规划，至1914年短短的17年间，胶澳政府先后4次制定、修编了青岛的城市规划，奠定了青岛这座近代历史城市的基调与空间格局，青岛以此为契机崛起成为中国近代名城。

　　青岛作为近代中国城市现代化转型的一块实验田。选址之前，德国政府秘密进行了长期调研与策划。选址青岛湾并非心血来潮，是基于政治、军事、经济等多方面因素的谨慎考量和权衡，吸取了东南亚、香港、广州等先行开发城市出现的问题和教训，目标是打造一个吸引欧洲人宜居度假，经济发达、安全、卫生、环境优美的杰出军港城市。基于这样的设想，青岛在规划与设计上、在城市品质的塑造上优于其他同期的城市。今天的青岛城市环境仍然受益于当时在道路规划、市政设施、景观设计等方面的前瞻性考虑。

　　1898年德国对青岛的第一版城市规划将规划用地分为三个区域，南部欧洲人住区、北部华人住区和西部港口区。城市规划中，出于安全及卫生等方面的考虑，借用观海山坡地的自然地势，用一条绿化隔离带，实现了欧洲人住区与华人住区的严格界分。令德方未曾想到的是，城市建设的迅速推进并不以军事强权的意志为转移，与欧洲人区形成鲜明对比，华人住区（通称为大鲍岛区）建设如雨后春笋般迅速崛起。1898年公布的青岛城市规划中，大鲍岛区的12个地块，至1902年公布的城区图画显示已经全部兴建完工，整齐划一、生机勃勃的华人里院式街区初具规模。快速推进的华人区城市化进程，为德方始料不及，不得不调整原有规划设计。大鲍岛区的边界向南延伸，跨越最初设置的宽广隔离地段，与南部沿海展开的欧洲人区毗邻，从而形成了今天我们看到的城市格局。本次测绘选取的区域，即为大鲍岛区的典型里院建筑集中片区。

青岛理工大学建筑历史研究所教学团队古建筑测绘课程自20世纪80年代末建系开课，已有近30年的教学经验。本次测绘时间为2017年9月，指导教师团队是赵琳教授、徐飞鹏教授、成帅博士和王辉老师。大鲍岛里院调研片区正值棚改收尾阶段，现场环境十分艰苦，感谢不畏困难参与现场调研、测绘工作的建筑学专业硕士和本科的同学们：李芙蓉、仲筱、邢易、况赫、林子琪、张海美、宋宁宁、王家熹、刘星宇、李培、蒋仔朋、尚岩青、许光庆、张存德、房经炜、于璠、王淇、马子淇、钟豪杰、董智勇、李明珠、杨喻茜、李博宇、赵鹏飞、张小文、万镒菡、王梦琪、张琬清、王伯天、张坤、秦晓、王晓龙、王坦、王富、孙弘开、孙哲、朱丰强、杨帅、隋金廷、黄馨忆、贠婷、杨雨、孙慎全、刘学鹏、苏雨、韦愫予、许大伟、吕敏、池程、付如、刘向宇、梁马予祺、牟炯澄、张子涵、于游先、王洋、张伟建、黄文文、胡婷婷、傅逸君、赵云昊、刘坤阳、苏杭、韩修平、谭路路、李玲玲、林梦杰、杨柳青。

本书的内容是教学团队研究成果的阶段性呈现，中山路历史地段现状情况复杂，资料搜集整理和测绘过程颇为艰辛，故编写时难免挂一漏万，不足之处恳请专家批评指正。

青岛市北区开发局、市北区即墨路街道办事处与青岛市城市规划设计研究院等单位对本书编著过程高度重视，并在具体测绘过程中给予了大力协助与支持。青岛理工大学琴岛学院邓夏老师协助校对了全书文稿。没有上述单位和老师的支持与帮助，本书的编著工作实难完成，在此一并表示感谢。

赵琳

2018年11月

目录

第一章

易州路院落

第一节　建筑概览

　　易州路院落由即墨路33号（1号院）、易州路36号（2号院）、易州路42号（3号院）和李村路22号（4号院）组成，位于即墨路以北，东临易州路，李村路以南。该地块毗邻新冠高架路，处于新旧交接地段，兼具里院的悠久历史与新区的便利优势。其中即墨路33号（1号院）主体为3层，其余3个院落主体均为两层建筑。

　　该处里院建于斜坡之上，依地势由东向西错落下沉，建筑平面呈"田"字和"口"字形态。据记载，最早于民国21年（1932年），李村路25号就已经作为"恒茂栈"杂货铺使用[1]。建筑一层对外做商铺之用，民国26年至民国38年（1937~1949年）间，沿街店铺有"复顺成生记""德盛泰""恒大号实行""京都同乐堂""福聚昶""仁聚成"等，分别经营海味杂货、绢纱布店、药店、钟表店、蔬果店等[2]。民国38年（1949年），青岛印刷工业同业公会迁址至即墨路33号[3]。充分显示出易州路里院片区历史日常活动的繁荣。

　　易州路院落平面呈4个规则矩形，由隔墙与后期加建建筑分成4个内院。1号院由南侧门洞进入，内院栏杆基本全部替换为铁质栏杆，后期加建和私拉电线情况严重。2号院入口为弧形门洞，后期外立面改建为方形，内院加建情况较多，完整性被严重破坏。3号院由东侧门洞进入，由西侧外置楼梯上至二层。院内后期改造后较为整洁，并且在四个院落中历史风貌保留相对较为完好。4号院由北侧门洞进入，由东侧外置楼梯上至二层，与3号院外置楼梯呼应为"X"形。

图1-1　院落俯视图

图1-2　1号院院内

图1-3　2号院院内

---

[1]　青岛档案馆，档案号 B0038/001/00625/0015.

[2]　青岛档案馆，档案号 B0038/001/00987/00049、B0038/001/00224/0039、B0038/001/00222/0194、B0038/001/00226/006.

[3]　青岛档案馆，档案号 B0038/001/01843/0005.

图1-4 1号院

图1-5 4号院

图1-6 2号院（一）

图1-7 2号院（二）

图1-8 3号院（一）

图1-9 3号院（二）

图1-10 3号院（三）

第二节　技术图则

　　依据建筑实测图纸，部分辅以三维建模，用技术图则方式解析里院的环境布局、平面布置、功能流线等规划建筑诸元素。易州路院落技术图则详见图1-11~图1-23所示。

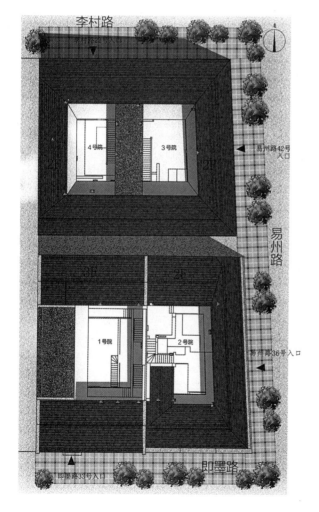

0　2　4　6　8m

图1-11　总平面图

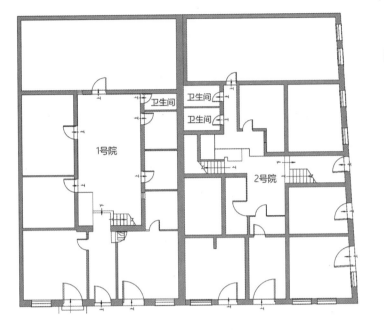

图1-12 1号院、2号院一层平面图

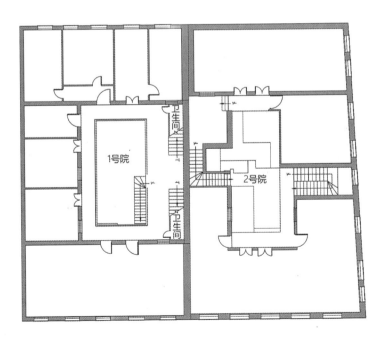

图1-13 1号院、2号院二层平面图

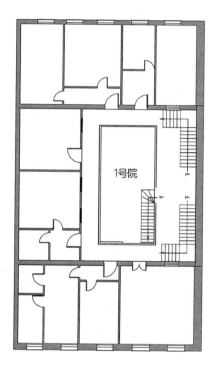

1号院

图1-14   1号院三层平面图

图1-15   沿易州路立面图

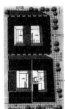

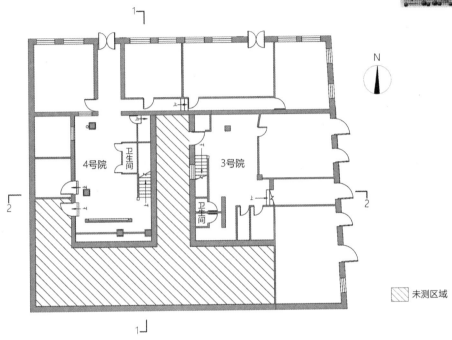

图1-16　3号院、4号院一层平面图

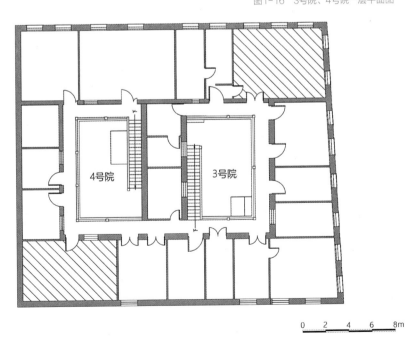

图1-17　3号院、4号院二层平面图

图1-18　沿即墨路立面图

图1-19　沿李村路立面图

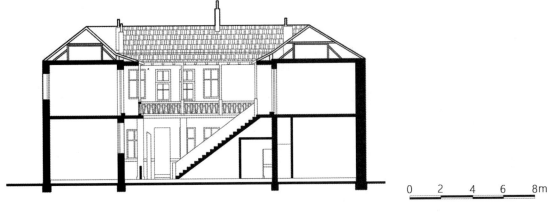

0　　2　　4　　6　　8m

图1-20　1-1剖面图

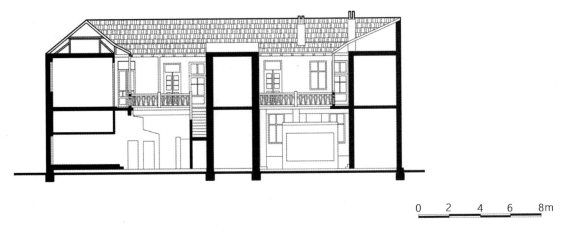

0　　2　　4　　6　　8m

图1-21　2-2剖面图

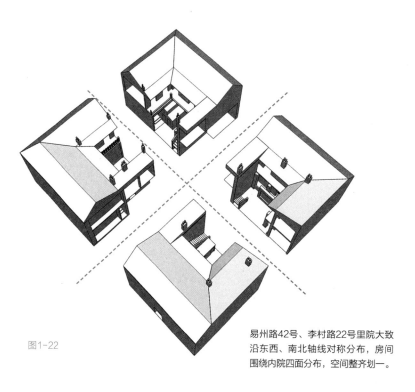

图1-22

易州路42号、李村路22号里院大致
沿东西、南北轴线对称分布，房间
围绕内院四面分布，空间整齐划一。

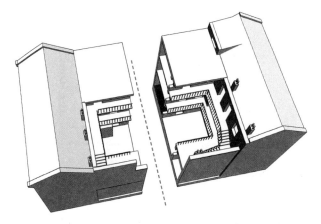

图1-23

即墨路33号里院保存较为完好，虽然南苑
内立面存在加建建筑，但整个院落依旧以
东西轴线为基准对称分布。内院空间划分
合理、功能分明。

第二章
潍县路院落

第一节　建筑概览

　　院落选址为潍县路64、66、68号（1号院）、70号（2号院）、72号（3号院）的里院建筑群，属胶州路北段区域，位于潍县路西侧，北临沧口路，南临李村路。建筑面积约2074m²，占地面积约1830m²，建筑主体两层，于20世纪初建成。

　　该处里院建于斜坡之上，依地势由南向北错落下沉，建筑平面呈"目"字和"口"字形态，院内经过多次加建、整修，现已同旁边的建筑体连接，难分彼此。起初建筑一层对外作为商铺使用，沿街为各式商店作坊。至20世纪50年代，由于人口的急速增长加上居住空间的不足，里院中也涌入了大量住户，为增加使用面积，院内住户大多开始私自搭建和扩充空间，乱接线路，使得原本就存在各种不便的里院又产生了诸多安全隐患。90年代末，当地商铺业主陆续停止营业，部分商铺也逐渐改为住宅作为居住建筑使用，故而将大门封死，从院内开门入内。

　　建筑地基为花岗石铺地，建筑主体为砖木混合结构。墙体、屋面、栏杆扶手均使用红砖、红瓦、红木，色彩鲜艳，形成独特的里院风格。现今，墙面大多被厚厚一层水泥砂浆包裹住，部分木质构件也因年久失修被更换或者喷涂上油漆，只有屋顶的红瓦大多还保留从前的状态。沿街的主要出入口台阶为整块花岗石搭砌。建筑屋顶以西式为主，部分吸收中式屋顶样式，沿街采用双坡屋顶，坡度缓和，转角部位凸起，强调其中心位置；屋盖为三角形的西式木屋架，屋顶一般采用红色机平瓦铺成；局部有山墙，山墙墙体突出屋面；整体采用三段式的处理方式；入口门洞多为券门洞；楼梯以双跑楼梯形式为主(南侧院子内有一单跑楼梯)，材料为石材或者木材搭砌，里院建筑的内部走廊多为红木，色彩醒目。

　　东立面（潍县路立面）为两层，从南向北跌落，门窗均不见起拱做法，一层仅潍县路68号大门为原有红色木板门。潍县路64到72号大院在潍县路沿街可感受到三部分立面段落，中段即潍县路64号，现在是胶州路社区老年人日间照料中心。其右首即更北的段落为潍县路72号，现为福瑞科技，上有"潍县路72号大

图2-1　院落俯视图

图2-2　院落内景

图2-3　建筑细部图

院"几个大字。整个东立面为2层体量，目前墙身粉刷为依楼身段落划分的，深浅不一的淡黄色。其中，64号所在的中段颜色较深，近于藤黄色，而72号则是明度更高而纯度更低的浅黄色。同时，二者的细节处理亦有不同：64号从水平层次来看，二层主体以上有约半层高的女儿墙，以层层凸出的线脚作顶部与下部主体之间的划分，而女儿墙的处理采取了多见于里院的突出中心的设计，即在正门的立面轴线正上方正中处理为微微拱起的山花，山花弧线部分为两层线脚叠涩做法。这个立面弧线也是整个东立面唯一一处。在64号左侧，68号是最为普通的立面，既没有强调立面的轴心，也没有诸如顶部线脚等细节。在64号右侧的72号大院，在平齐于64号线脚的部分，从下往上采用一层线脚，铺一皮花式侧出砖砌，重复一次后接一层线脚，其上盖瓦屋面。

北立面东高西低，东端2层，西端3层。窗间距不规则，间距较大，最左端山墙面一二层仅一个开窗轴，高处有小洞口。一二层间有花式砖砌凸出墙面以分节，间隔的丁砖上为一层顺砖，再上为斜砌，上接顺砖，然后是二层墙面。顶部处理与东立面北段一致。中段和西首为近于2：1的竖长窗，淡黄色粉刷。

南立面主体2层局部1层，东高西低，二层窗为近方形的小窗，东端为上海美容院。

图2-5　64、66、68号院内入口

图2-4　部分院落鸟瞰图

图2-6　64、66、68号院内（一）

图2-7　64、66、68号院内（二）

图2-8　70号院内外廊

图2-9　70号院内细部图

图2-10　70号院内景

图2-11　70号院檐下

图2-12　70号院内

图2-13　70号院内栏杆

图2-14　70号院外廊

图2-15 72号院内立面

图2-16 72号建筑内部

图2-17 72号院外廊

图2-18 72号院内楼梯

图2-19 72号院内立面

图2-20 72号院檐下

第二节　技术图则

　　依据建筑实测图纸，部分辅以三维建模，用技术图则方式解析里院的环境布局、平面布置、功能流线、围护结构、采光及通风等规划建筑诸元素。潍县路院落技术图则详见图2-21~图2-56所示。

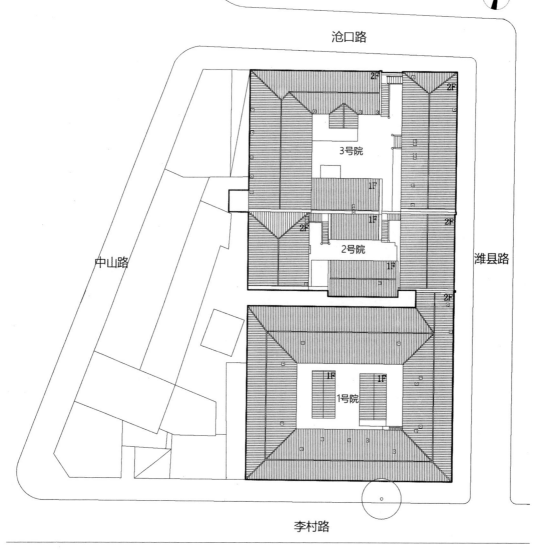

0　2　4　6　8m

图2-21　总平面图

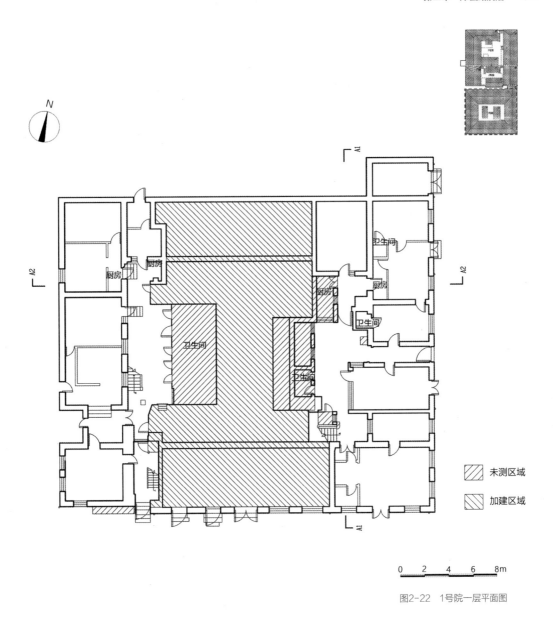

未测区域

加建区域

图2-22　1号院一层平面图

图2-23　1号院沿李村路立面图

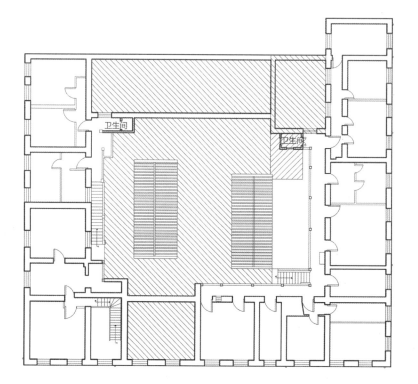

未测区域

加建区域

```
0   2   4   6   8m
```

图2-24　1号院二层平面图

```
0   2   4   6   8m
```

图2-25　1号院沿潍县路立面图

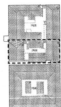

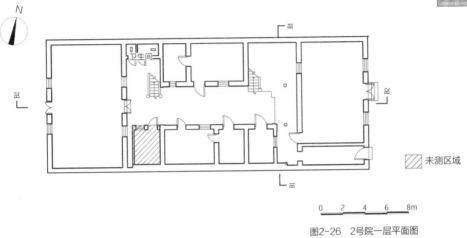

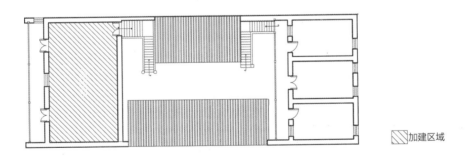

图2-26 2号院一层平面图

图2-27 2号院二层平面图

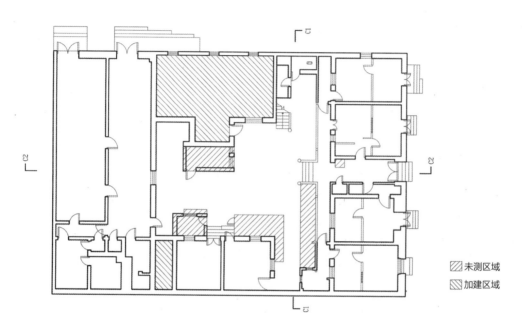

未测区域

加建区域

0　2　4　6　8m

图2-28　3号院一层平面图

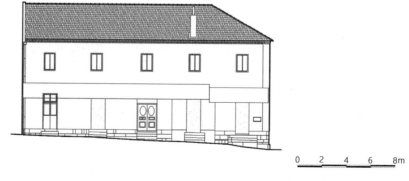

0　2　4　6　8m

图2-29　3号院潍县路立面图

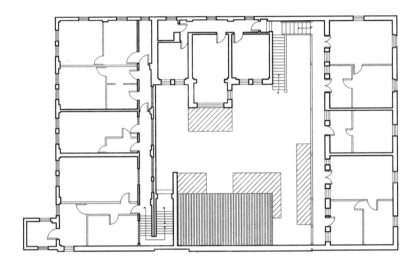

未测区域

0 2 4 6 8m

图2-30 3号院二层平面图

绘制：蒋仔朋

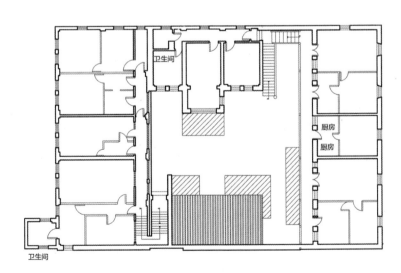

未测区域

0 2 4 6 8m

图2-31 3号院沿沧口路立面图

绘制：刘星宇

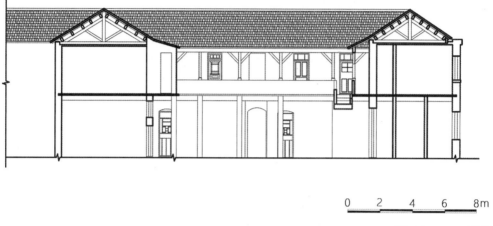

0 2 4 6 8m

图2-32 A1-A1剖面图

0 2 4 6 8m

图2-33 B1-B1剖面图

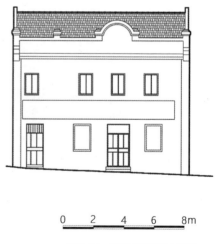

0 2 4 6 8m

图2-34 2号院沿潍县路立面图

0 2 4 6 8m

图2-35 C1-C1剖面图

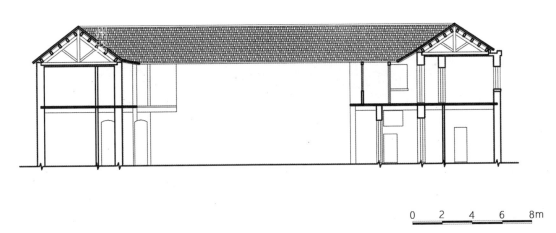

0 2 4 6 8m

图2-36 A2-A2剖面图（未能进入及测量）

图2-37 B2-B2剖面图

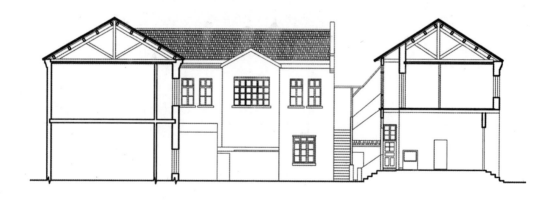

图2-38 C2-C2剖面图

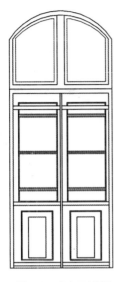

图2-39　窗户正立面图

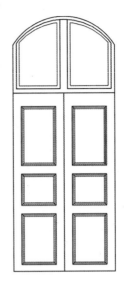

图2-40　窗户后视图

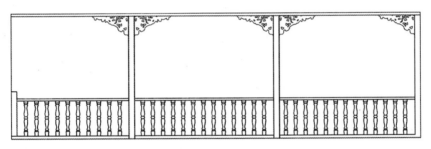

图2-41　潍县路70号院内栏杆正视图

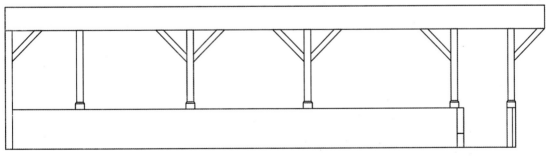

图2-42　潍县路68号院内栏杆正视图

流线分析:

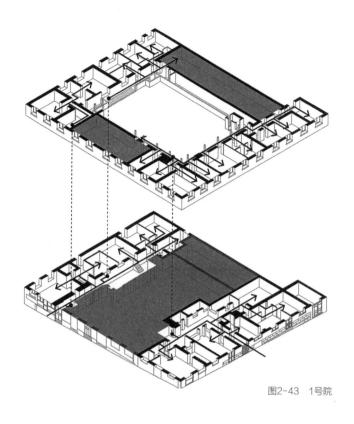

图2-43　1号院

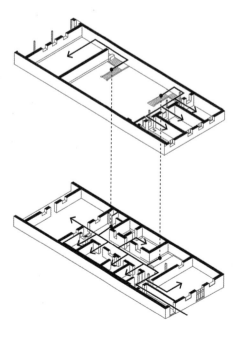

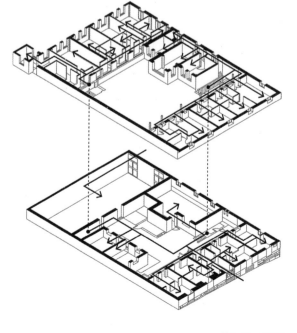

图2-44　2号院

图2-45　3号院

墙体布局分析：

以2号院为例

图2-46 基础墙体布局

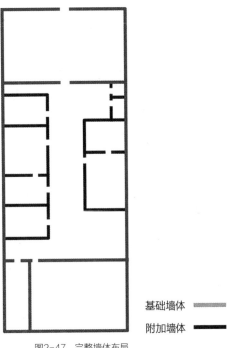

基础墙体 ▬▬▬
附加墙体 ▬▬▬

图2-47 完整墙体布局

以3号院为例

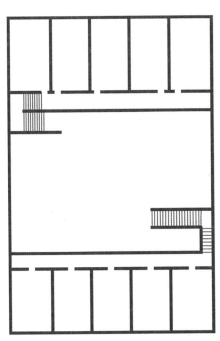

图2-48 基础墙体布局

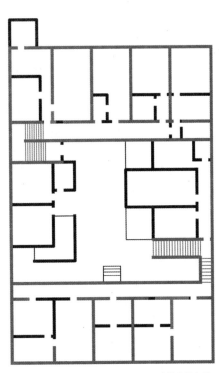

图2-49 完整墙体布局

立面分析:

覆盖

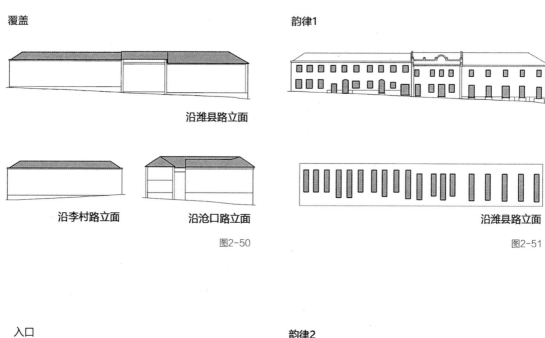

沿潍县路立面

沿李村路立面　　沿沧口路立面

图2-50

韵律1

沿潍县路立面

图2-51

入口

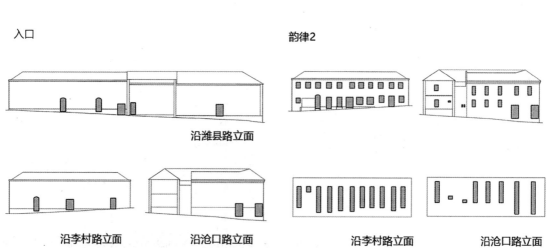

沿潍县路立面

沿李村路立面　　沿沧口路立面

图2-52

韵律2

沿李村路立面　　沿沧口路立面

图2-53

剖面分析：

图2-54 采光分析

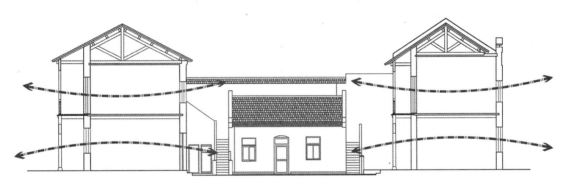

图2-55 通风分析

图2-56 灰空间分析

第三章

李村路14号、芝罘路77号院落

第一节　建筑概览

　　调研的里院地处大鲍岛区东北角，位于即墨路以北，济宁路以西，北临李村路，西临芝罘路，该地块毗邻胶宁高架，处于新旧交接地段，兼具里院的悠久历史与新区的便利优势。李村路14号、芝罘路77号等里院处于一个完整的地块当中，地形跌宕。其中芝罘路77号段位于该地块地势较高处，楼层较低，主体2层；李村路14号主体4层。

　　由于地形复杂且包含里院较多，以下将首先介绍整个地块现有风貌外观，再就即墨路5号和李村路14号、芝罘路77号分别介绍。

　　南立面（即墨路立面），墙面为较浅的中黄色，白边勾勒窗外沿，较为明快。地势西高东低，坡度较陡。即墨路与芝罘路转角为抹角处理，说明此段隅的里院形成时期在20世纪30年代之前。由于地势落差大，分为西段2层、中段3层、东段4层，地面线由东到西抬升，屋面线由东向低跌落。西段开窗为竖长窗约2∶1，中段竖长窗比例接近3∶2，东段窗户近方形，顶部挑檐出墙身最多。

　　东立面（济宁路立面）。4层为主、局部3层，济宁路与李村路路口处建筑处理为圆转角。依地面起伏呈现三段高度，中间段二层竖长窗顶部微微起拱，其他均不见起拱做法。一层门店以服装辅料为主。

　　西立面（芝罘路立面）。芝罘路与李村路交口同样为圆转角处理，这一形态提示我们该建筑形成期在20世纪30年代之后。芝罘路立面形态可分为二段。芝罘路77号平过梁上墙身部分有匾额痕迹。大门正上方女儿墙有对称跳跃的垂直线条装饰线，白色面墙中段黄色装饰，类于装饰艺术运动（Art Deco）风格的简洁装饰，薄薄的竖线条纹样适度点睛。左端二层为不起拱的竖向长窗约3∶2，顶部混枭线脚，上起带额枋的女儿墙。右端二层的竖长窗约2∶1，顶部微微拱起，上为两层叠涩线脚。

图3-1　李村路14号内院（一）

图3-2　李村路14号内院（二）

图3-3　芝罘路77号内院

图3-4 内景（一）

图3-5 内景（二）

图3-6 内景（三）

图3-7 内景（四）

图3-8 内庭

图3-9 内立面图

第二节　技术图则

　　依据建筑实测图纸，部分辅以三维建模，用技术图则方式解析里院的环境布局、平面布置、功能流线、围护结构、采光等规划建筑诸元素。李村路14号、芝罘路77号技术图则详见图3-10～图3-36所示。

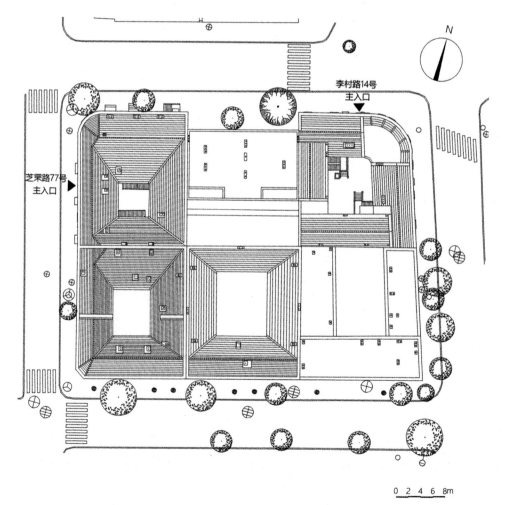

0 2 4 6 8m

图3-10　总平面图

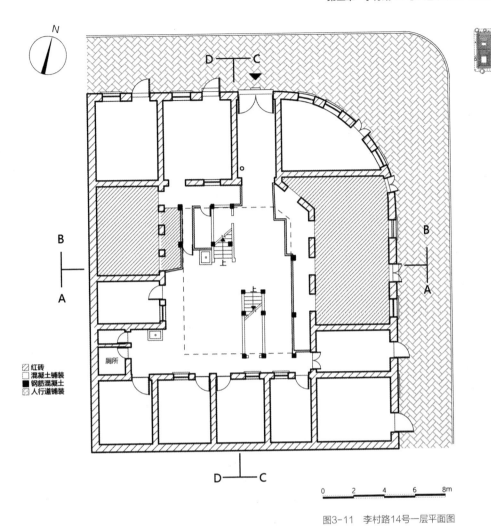

红砖
混凝土铺装
钢筋混凝土
人行道铺装

厕所

0　2　4　6　8m

图3-11　李村路14号一层平面图

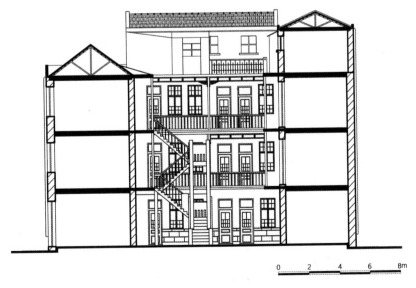

0　2　4　6　8m

图3-12　李村路14号A-A剖面图

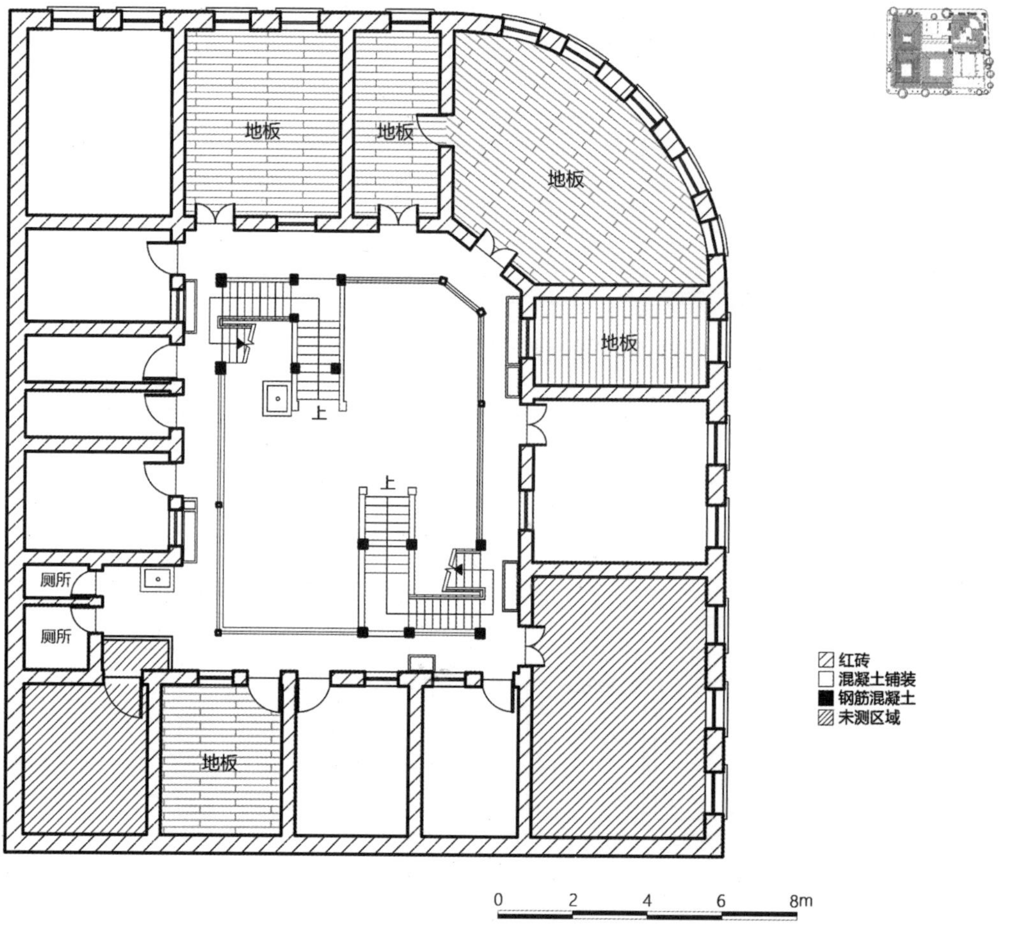

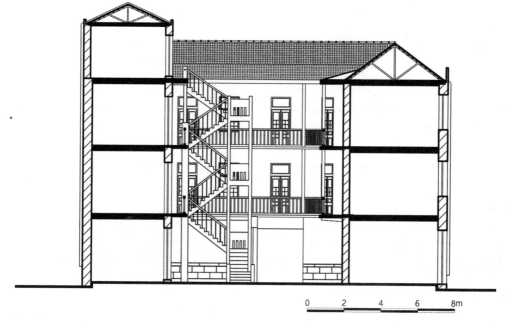

地板

地板

地板

地板

上

上

厕所

厕所

地板

红砖
混凝土铺装
钢筋混凝土
未测区域

0　　2　　4　　6　　8m

图3-13　李村路14号二层平面图

0　　2　　4　　6　　8m

图3-14　李村路14号B-B剖面图

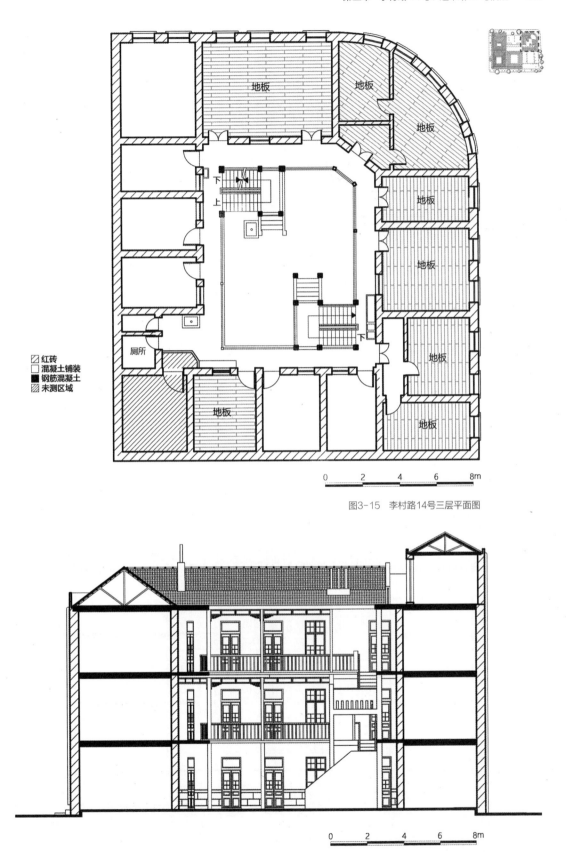

图3-15 李村路14号三层平面图

图3-16 李村路14号C-C剖面图

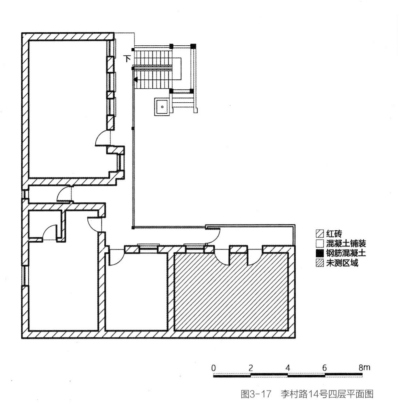

红砖
混凝土铺装
钢筋混凝土
未测区域

0　2　4　6　8m

图3-17　李村路14号四层平面图

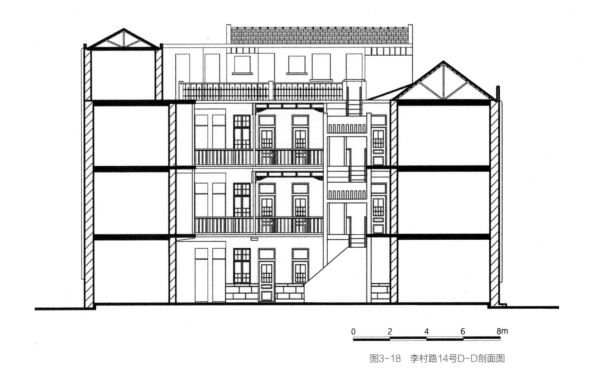

0　2　4　6　8m

图3-18　李村路14号D-D剖面图

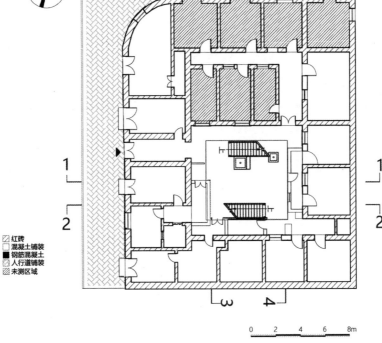

图3-19　芝罘路77号一层平面图

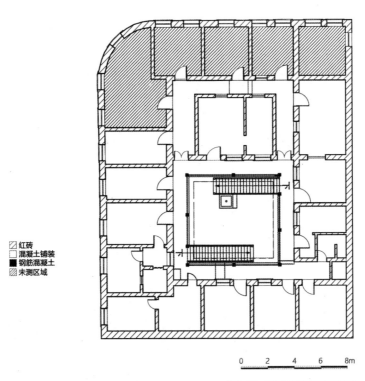

图3-20　芝罘路77号二层平面图

0　　　2　　　4　　　6　　　8m

图3-21　芝罘路77号1-1剖面图

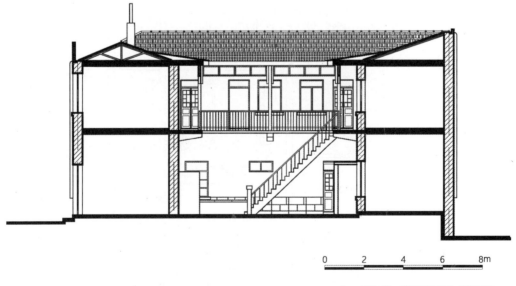

0　　　2　　　4　　　6　　　8m

图3-22　芝罘路77号2-2剖面图

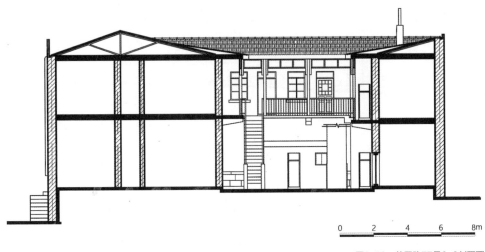

0 2 4 6 8m

图3-23　芝罘路77号3-3剖面图

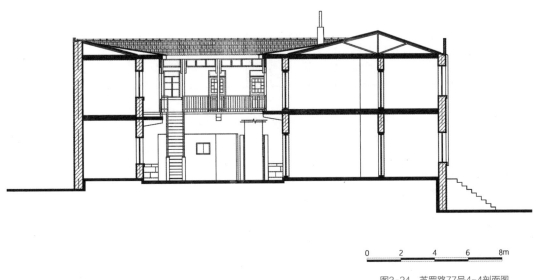

0 2 4 6 8m

图3-24　芝罘路77号4-4剖面图

0　　2　　4　　6　　8m

图3-25　沿芝罘路立面图

0　　2　　4　　6　　8m

图3-26　沿济宁路立面图

0　2　4　6　8m

图3-27　沿李村路立面图

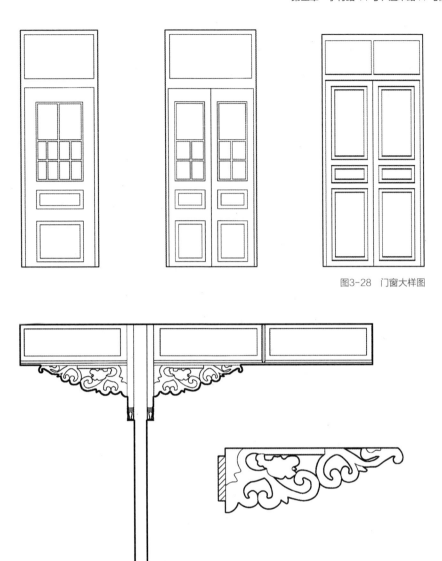

图3-28 门窗大样图

图3-29 雀替大样图

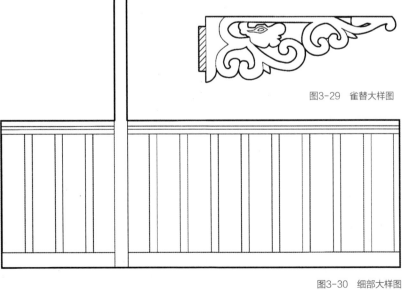

图3-30 细部大样图

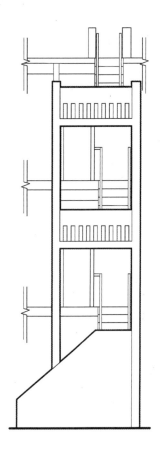

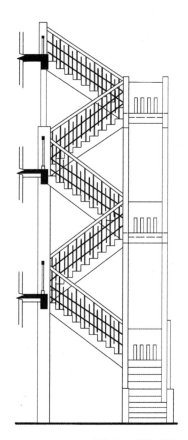

图3-31　楼梯大样图

图3-32　细部立面大样图

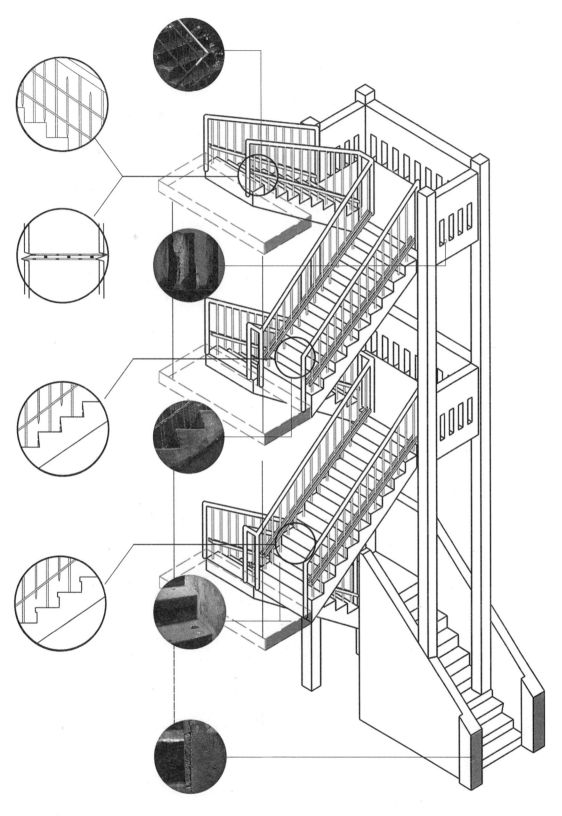

图3-33　楼梯大样图

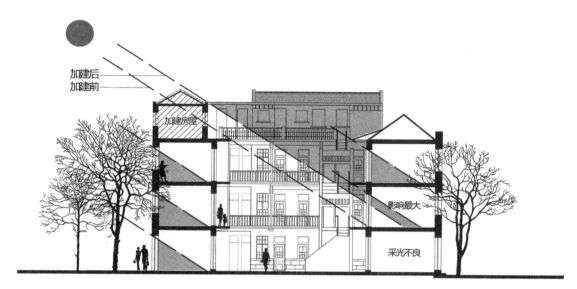

加建后
加建前

加建房屋

影响最大

采光不良

图3-34　李村路14号冬至日采光分析

加建后
加建前

加建房屋

图3-35　李村路14号夏至日采光分析

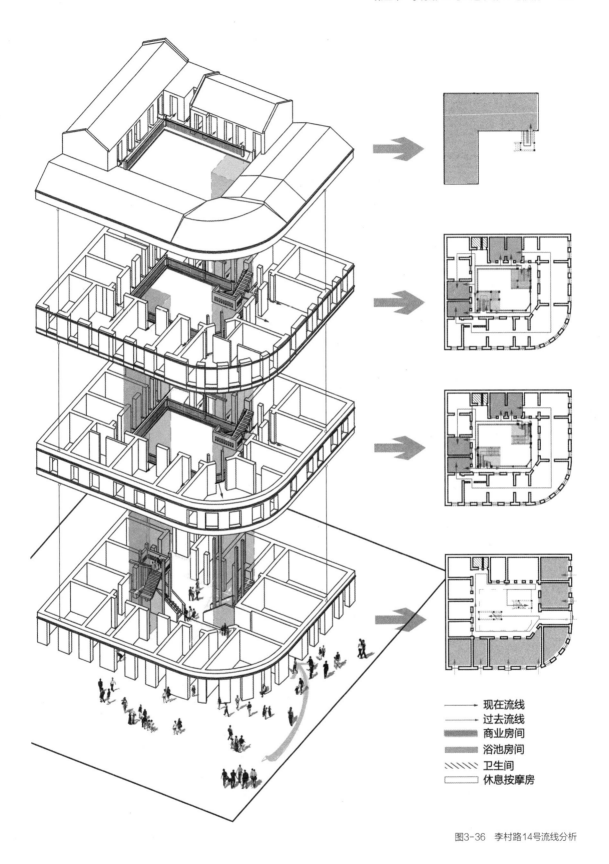

→ 现在流线
→ 过去流线
商业房间
浴池房间
卫生间
休息按摩房

图3-36　李村路14号流线分析

第四章

芝罘路、即墨路院落

第一节　建筑概览

即墨路5号又名南荫轩里，如今有4层，均为砖混结构。原先是两层的木构建筑，在20世纪80年代改建时将一、二层加固砌筑为砖混结构，并将坡屋顶推平，在此基础上加建3层和局部4层。南荫轩里经过多次改造与修葺，已经基本上破坏了里院最开始的形制。同时，最有时代和地域特色的坡屋顶也被取消，平屋顶上铺设防水卷材，用防水卷材代替红瓦。木结构被混凝土加固并逐渐取代。南荫轩里三、四层为20世纪80年代中期加建，同时将一、二层的木结构加固改建为砖混结构，取代了原来的木楼板、木柱。

即墨路13号又名福寿新邨，位于青岛市市北区西南部即墨路13号，里院共有3层，一、二层为砖混结构，顶层采用木结构，两个独立的室外楼梯间表示出明显的里院后期的特征。据口述了解，在20世纪30~40年代，政府对福寿新邨进行了大幅度的修葺作业：将2层结构改为3层，其中最原始的一、二层用混凝土替代加固，增加三层，仍采用木质结构。新改建坡屋顶，红瓦为新瓦。福寿新邨在形制上具有了十分明显的现代里院的特征和形式。

芝罘路73号，是一个特征保存较为完整的里院，一共有两层，一层为钢筋混凝土结构，二层为木结构。初期院内共有两架楼梯，后来拆除一座，现今留有一座木质楼梯。先后经过三次改造：第一次改造，将东侧的空间分为三户小空间，房间用外廊联系起来，在院落中设置两架对称的楼梯。1930年完成第二次改造，加建将半围合院落的东侧也闭合起来，形成一条完整的回路，还在相邻地块的西侧的2层楼房加建南翼，与南侧的院落形成背靠背的格局。第三次改建于1941年完成，在这一次的扩建中，北侧原本的单层仓库改建为2层的房屋并且在这一次的扩建中还完善了西翼，加建了东侧的房屋，形成了一个完整的院落。

图4-1　即墨路5号俯视图

图4-2　即墨路13号俯视图

图4-3　芝罘路73号俯视图

图4-4 即墨路5号

门窗

即墨路5号因20世纪80年代改建缘故，现存的沿街立面门窗面积较小，样式也较新，基本样式同即墨路13号相似。经过改建后，内立面门窗基本保持了原先的老式木质门窗，木制窗架六格玻璃窗，沿街立面窗分为内外两层，内部也是老式木质窗框，外部为新式矩形窗架。

图4-5 一层木门 　　图4-6 二层木门　　图4-7 三层木门

图4-8 室内楼梯间　　图4-9 院内"Y"形楼梯

入口形式

即墨路5号只有一个位于正立面中心的门洞作为公共入口，保证了院子中可以得到更平均的通达性。门洞样式为方形门洞，入口形式为"T"形，一条笔直的走廊进入院子后，走廊尽端有一左一右两条通路。

楼梯

即墨路5号院内有一室外楼梯，无顶棚，处于院内中心区域。楼梯材质为石材加水泥抹灰。样式为混合式双分折行楼梯，丰富了矩形院内空间。同时二、三、四层还有一座位于房屋与房屋之间的室内楼梯。

图4-10 多种形式的烟囱　　图4-11 屋顶形式

屋顶

即墨路5号屋顶形式为平屋顶，三层西向屋顶坡屋顶与平屋顶的组合，形成露台。烟囱数量与形式众多，平屋顶上没有天窗。

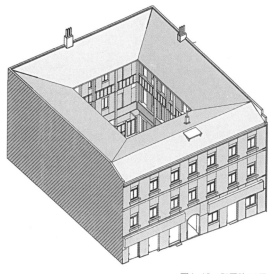

图4-12　即墨路13号

门窗

即墨路13号，现存的沿街立面门窗面积较小，水平与竖直线脚简单划分立面。内立面门窗基本保持了原先的老式门窗，木制窗架六格玻璃窗，木质门框，上有拱券。沿街立面窗分为内外两层，内部为老式木质窗框，外部为新式矩形窗架，从沿街立面看已看不出老式大窗的风格。

图4-13　院内户门　　　　　　　图4-14　院内照片

入口形式

即墨路13号同样只有一个位于正立面中心的拱形门洞作为公共入口，保证了院子中可以得到更平均的通达性。两端做了拱形的造型，门洞内仍为矩形空间。入口形式为直线型，一条笔直的走廊直接进入院子，通过门洞东南角和西北角各有一楼梯可通往2层。

楼梯

即墨路13号院内东南角和西北角各有一座单跑楼梯位于室外，无顶，呈中心对称分布。踏步材质应为石材加水泥抹灰，栏杆保留了木质。

图4-15　院内立面　　　　　图4-16　院内楼梯

图4-17　拱门中加　　图4-18　入户拱形　　图4-19　入口处木
建的夹层　　　　　门洞　　　　　　顶板

外廊

即墨路13号二、三层外廊形式为"口"形，二层材质为钢筋混凝土，三层为木质。二层外廊立柱为混凝土柱，栏杆改为矮墙。三层外廊柱子与横梁用红漆粉刷，采用出檐的形式，雕花现已不存在，只有简单的雕刻。因雨水多年侵蚀，有些木头已经腐烂。部分住户将自家门外外廊封上，加窗，做阳台或简易厨房使用。

屋顶

即墨路13号屋顶形式为双坡硬山顶。西式木屋架支撑、红色平瓦铺挂。屋顶在室内与廊道交界处出现转折，坡度变缓。烟囱多为有一基座双烟管和一基座无烟管等形式，有置于屋檐和置于纵墙上方等形式。只南面有一个小侧天窗。

图4-23　屋顶侧天窗　　　　图4-24　局部屋顶

图4-20　二层钢混　　图4-21　三层木制　　图4-22　三层加建
立柱　　　　　　　外廊

建筑风格

图4-25 西立面

图4-26 芝罘路73号

门窗

二层房屋采用简洁的欧式风格，经过改建后，内立面门窗基本保持了原先的老式门窗，木制窗架，上有拱券，多为六格玻璃窗和木制门。

楼梯

芝罘路73号院内现存有一座折跑楼梯，位于室外，无顶。踏步为非木质，经查阅资料得知材料应为石材加水泥抹灰，栏杆为木质。

屋顶

芝罘路73号屋顶形式为双坡硬山顶。以西式木屋架支撑、红色平瓦铺挂。屋顶在室内与廊道交界处出现转折，坡度变缓。屋顶上的烟囱有一基座单烟管、一基座多烟管有三种形式，有置于屋檐和置于纵墙上方等形式。天窗则全部为侧天窗，面积较小。

外廊

芝罘路73号二层外廊形式为"口"形，材质为木质。外廊扶手和竖向支撑柱均为木制。外廊柱子与横梁用红漆粉刷，采用出檐的形式，由于改建过的缘故，木扶栏、外廊柱头处的雕花现已不存在，只有简单的雕刻。

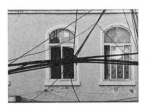

图4-27 西立面窗户

图4-28 石制踏步

图4-29 屋顶形式

图4-30 木制扶手

图4-31 老虎窗

图4-32 木制栏板

图4-33　芝罘路73号、即墨路13号、即墨路5号俯视图

图4-34　即墨路5号屋顶烟囱

图4-35　即墨路5号鸟瞰图

图4-36　即墨路5号院内立面局部

图4-37　即墨路5号局部

图4-38　即墨路5号庭院

图4-39 即墨路13号鸟瞰图

图4-40 即墨路13号主入口图

图4-41 芝罘路73号立面图

图4-42 即墨路13号外廊

图4-43 即墨路13号院内楼梯

图4-44 即墨路13号中庭

图4-45　芝罘路73号鸟瞰图

图4-46　芝罘路73号沿芝罘路鸟瞰图

图4-47　芝罘路73号中庭

图4-48　芝罘路73号沿即墨路立面图

图4-49　芝罘路73号院内立面

图4-50　芝罘路73号院内入口

第二节 技术图则

　　依据建筑实测图纸，部分辅以三维建模，用技术图则方式解析里院的环境布局、平面布置等规划建筑诸元素。即墨路院落技术图则详见图4-51～图4-74所示。

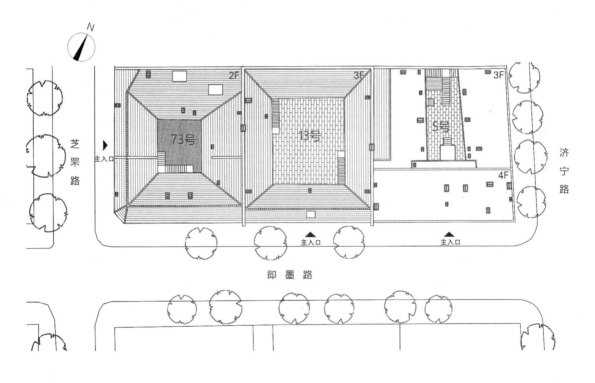

0 2 4 6 8m

图4-51 即墨路5号、芝罘路73号、即墨路13号总平面图

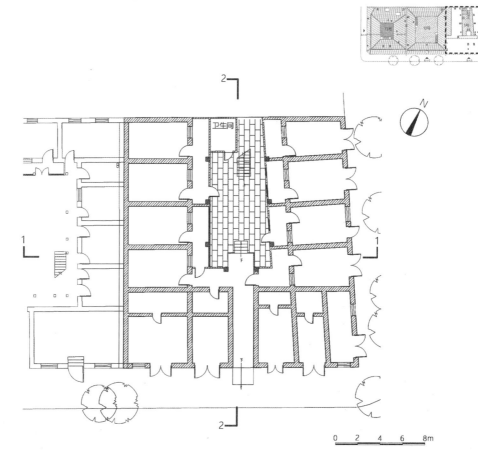

图4-52 即墨路5号一层平面图

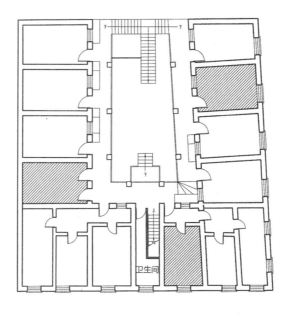

图4-53 即墨路5号二层平面图

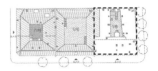

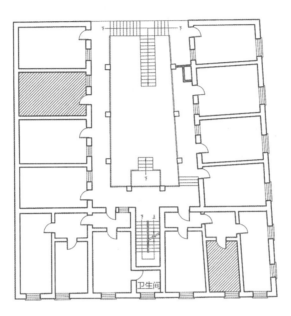

图4-54 即墨路5号三层平面图

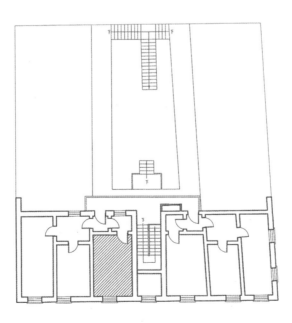

图4-55 即墨路5号四层平面图

石材
淡黄色涂料

0　2　4　6　8m

图4-56　沿济宁路立面图

石材
淡黄色涂料

0　2　4　6　8m

图4-57　沿即墨路立面图

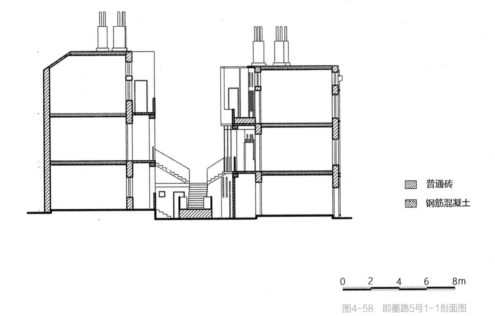

普通砖

钢筋混凝土

0　2　4　6　8m

图4-58　即墨路5号1-1剖面图

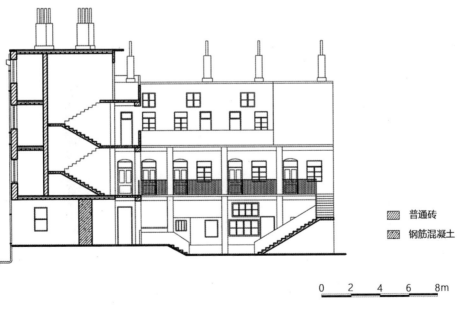

普通砖

钢筋混凝土

0　2　4　6　8m

图4-59　即墨路5号2-2剖面图

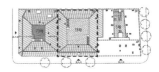

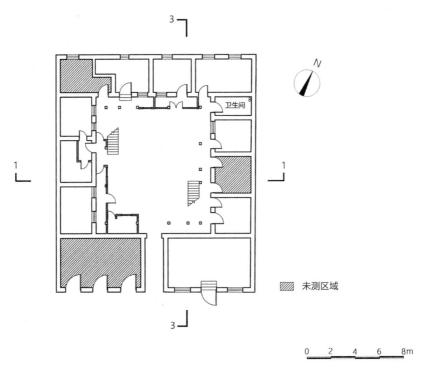

图4-60 即墨路13号一层平面图

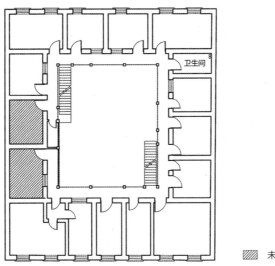

图4-61 即墨路13号二层平面图

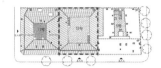

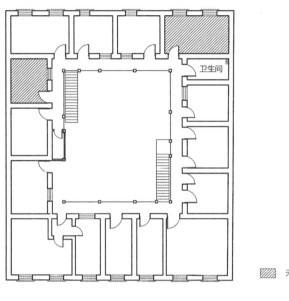

卫生间

▨ 未测区域

0　2　4　6　8m

图4-62　即墨路13号三层平面图

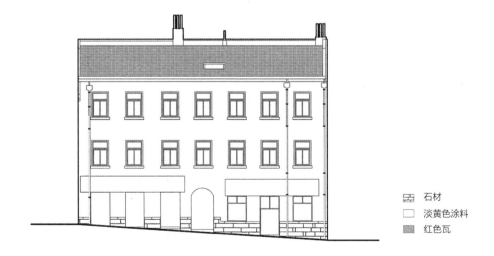

▨ 石材
□ 淡黄色涂料
▨ 红色瓦

0　2　4　6　8m

图4-63　沿即墨路立面图

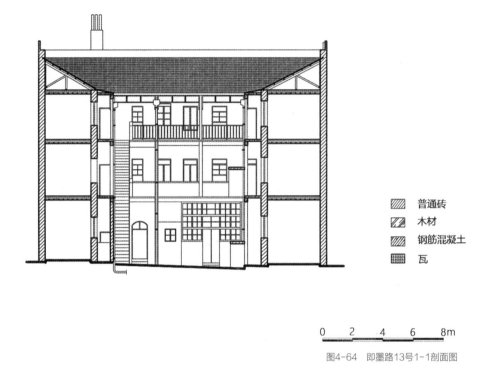

普通砖
木材
钢筋混凝土
瓦

0 2 4 6 8m

图4-64 即墨路13号1-1剖面图

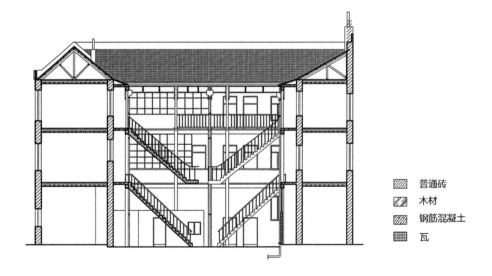

普通砖
木材
钢筋混凝土
瓦

0 2 4 6 8m

图4-65 即墨路13号3-3剖面图

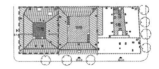

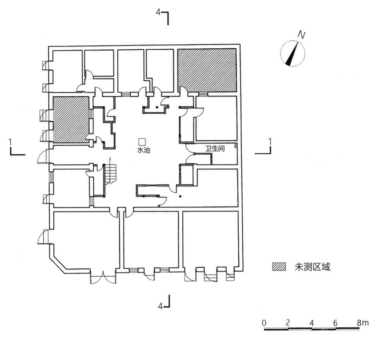

图4-66 芝罘路73号一层平面图

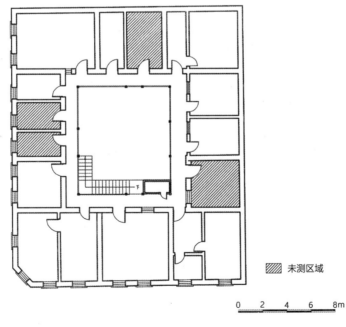

图4-67 芝罘路73号二层平面图

图4-68 芝罘路73号沿即墨路立面图

图4-69 芝罘路73号沿芝罘路立面图

图4-70　芝罘路73号4-4剖面图

图4-71　芝罘路73号1-1剖面图

模型透视图

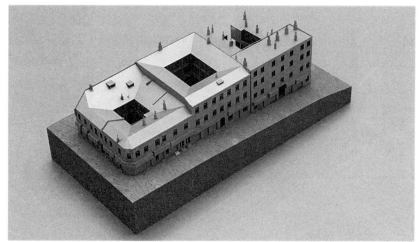

图4-72

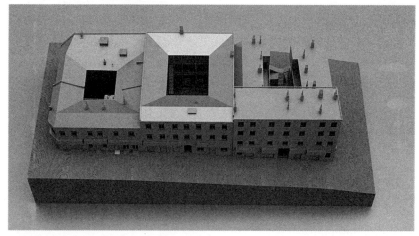

图4-73

图4-74

第五章

博山路92号院落

第一节　建筑概述

博山路92号位于胶州路以北，即墨路以南，潍县路以东，博山路以西。20世纪中叶，因青岛开通最早的2路电车，将胶州路路面向北拓宽，胶州路北原有沿胶州路的里院南段拆除，原内院的多层柱廊从内部翻到外侧，从内院立面变为沿街立面，形成与其他封闭围合面貌不同的里院建筑沿街景象。本里院即是其中较有代表性的一例。其西、北、东三面为常规的里院封闭立面，而面向胶州路的南立面则为两端山墙夹着的大段开敞外廊。根据该里院这一特征，现就各立面形态分别予以简要介绍。

南立面（胶州路立面）中央主体为12跨柱廊，顺应地势东高西低，天平地不平，左3跨为4层立面，其余为3层。最上层为木柱支撑木屋顶，上敷红色机制瓦，两侧为山墙面。柱廊面墙身粉刷为白色，铸铁栏杆扶手为暗红色，立梃为湖蓝色，整体较为明快。

西立面（潍县路立面），外观2层，二楼立面均布等大竖长窗共计12扇，分为两段（下文分别称南段、北段）。南首3个等高窗洞，下对两个大小、起拱不同的门洞。此段中央窗洞下方正对之门洞，起拱近半圆而稍有扁平，外部齐平，墙身可见一步石阶。最南首窗洞下方门洞较宽，呈扁平弓形。此段路面平缓，而稍向北段上坡，西立面北边段落整体亦随之高出六皮砖。北段2层共9扇竖长窗，如以中央为参考轴，中央窗扇下方所对门洞与南首中央门洞大小、形制相同，其左侧墙面为平整墙身，右侧在正对窗扇的轴线处有大、中、小不同起拱洞口，宽窄比例约4∶3。整段墙身粉刷为红棕色，白线勾勒砖缝，从左向右，左数6扇窗下有连续窗台凸出墙面，白色粉刷，右数3扇窗为独立窗台白色粉刷，中间余下的3扇窗台线连续而满铺墙身砖砌纹饰。

图5-1　博山路92号内部

图5-2　博山路92号俯视图

　　北立面（即墨路立面）由西向东呈明显上坡，均为2层外观，建筑从立面看分成5个高程段，从样式看则是两部分。最下坡的西首5窗为同一样式，余下另为一种。西段门窗形制与西立面一致，而墙身粉刷为白色，窗台下裸露石砌，墙身主体为砖砌。接近屋檐出起混枭线脚，上为红色机制瓦的坡屋顶。北立面余下部分为墙身近白的清浅粉刷，色彩倾向豆绿色。

　　窗台下为石砌，墙身主体为波特兰水泥形成的砌块感肌理。中间两段门窗洞口起拱部分做法为5块上大下小的砌块，突出拱顶石，秩序感较强。北立面左首5窗的段落一层门洞四，其中左数第四个洞口形制最高，能看出上部匾额和两侧对称联楹的痕迹。二层5窗较宽，且无起拱做法，无其他不同。左大段墙身顶部两层线脚上为一段高起的女儿墙，短柱与壁板均勾勒以简化额枋样式，有鲜明的时代感。整个北立面屋顶均有顶部天窗。

　　东立面（博山路立面）壁柱分为两段，而有三个高度面，南低北高。二层开窗，壁柱以左为竖长窗，壁柱以右为较宽开窗。

　　院落内部保留的垂花柱是中国传统木建筑构建之一。用垂莲柱出挑屋檐，符合使用功能，节约用地，又很有装饰效果。

图5-3　细部木构件（一）

图5-4　细部木构件（二）

图5-5　细部木构件（三）

图5-6　外部立面图

图5-7　屋顶细部图

图5-8　内部庭院图（一）

图5-9　内部庭院图（二）

第二节　技术图则

依据建筑实测图纸，部分辅以三维建模，用技术图则方式解析里院的环境布局、平面布置、围护结构等规划建筑诸元素。博山路23号技术图则详见图5-10～图5-23所示。

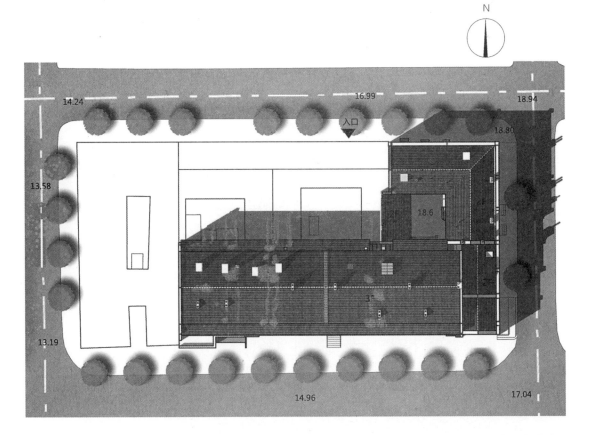

0　2　4　6　8m

图5-10　博山路92号总平面

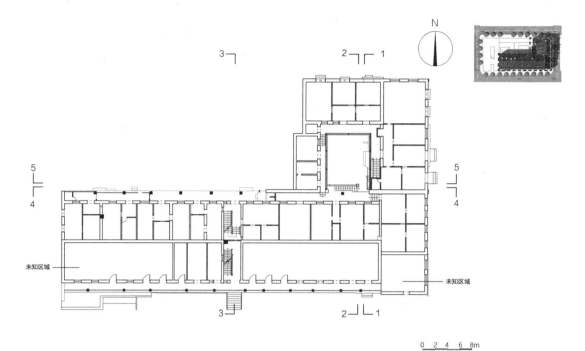

未知区域

未知区域

0 2 4 6 8m

图5-11　博山路92号首层平面图

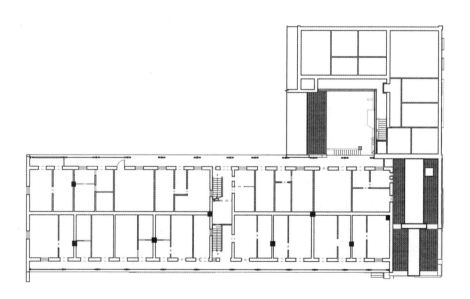

0 2 4 6 8m

图5-12　博山路92号二层平面图

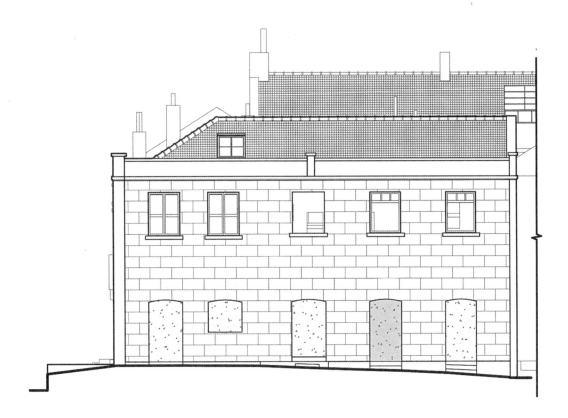

0　2　4　6　8m

图5-13　博山路92号北立面图

0　2　4　6　8m

图5-14　博山路92号东立面图

0　2　4　6　8m

图5-15　博山路92号1-1剖面图

0　2　4　6　8m

图5-16　博山路92号2-2剖面图

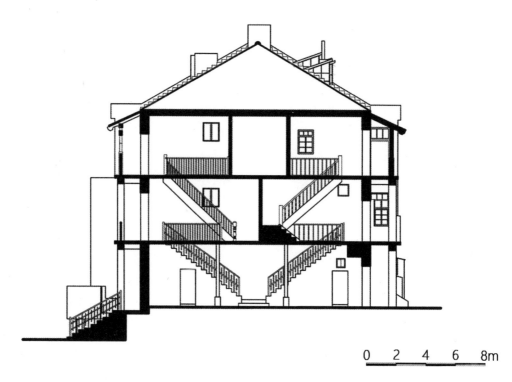

0 2 4 6 8m

图5-17 博山路92号3-3剖面图

0 2 4 6 8m

图5-18 博山路92号4-4剖面图东侧

0　2　4　6　8m

图5-19　博山路92号4-4剖面图西侧

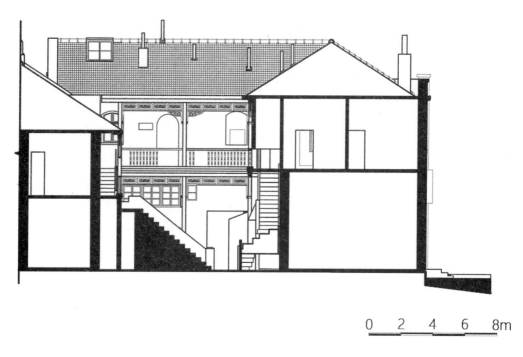

0　2　4　6　8m

图5-20　博山路92号5-5剖面图

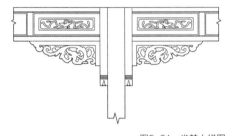

图5-21　雀替大样图

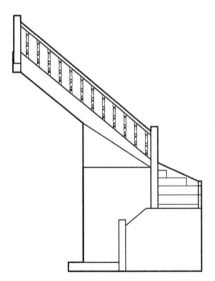

图5-22　楼梯西视图

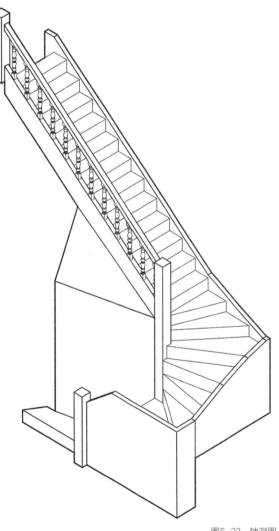

图5-23　轴测图

第六章

胶州路、济宁路院落

第一节　建筑概述

　　建筑地块位于青岛市市北区胶州路以南、济宁路以西，西临东方贸易大厦。该建筑有着百年的历史，用地比较规整，局部有起伏，无良好的自然景观。在退让3~6m的人行步道后围合成形状各异的天井，沿街一层外立面基本打开，作为商铺道路尺度较小，道路较密。

　　建筑地块现在一层沿街部分基本作为商铺，内院及二层则作为居住使用，其中2号院中一部分现在被改造为厂房。

　　因青岛地处北温带季风区域，属温带季风大陆性气候，又因其三面环海，在海洋环境的调解下，空气湿润、雨量充沛、温度适中、四季分明。气候影响了建筑的样式。为达到保温隔热效果，调研里院平面呈3个规则矩形，外墙厚达480mm，内墙厚400mm。占地2700m^2，分成3个内院。

　　1号院是保存比较完整的一个内院，南侧和西侧各有一个门洞可以进入，内院无明显改造，北侧有很精细的雕刻。

　　2号院是平面结构比较复杂的一个内院，通过南侧弧形门洞进入后，北侧的一层只设置了窗户没有设置门，我们推测一层现在作为仓库使用，通过楼梯可以先上到小的休息平台，休息平台可以到南侧的一层半和北侧二层，南侧部分的木结构的外廊保存比较完整，涂有鲜艳的红色油漆，北侧有二层三层，均作为居住使用，由于进深较大，房间设置为里外屋的两房套间的形式，三层的东西两侧均有加建的卫生间和厨房等房间。

　　3号院由东侧门洞进入，由楼梯上到南侧二层，现在已无人居住，北侧也有一部楼梯，但是北侧现在已经改为即墨路社区卫生服务中心，所以楼梯不再使用。

图6-1　1号院院内北侧走廊

图6-2　2号院内院走廊

图6-3　3号院内院立面图

图6-4　窗户细部图（一）

图6-5　窗户细部图（二）

图6-6　窗户细部图（三）

图6-7　栏杆细部图

图6-8　内院图

第二节　技术图则

　　依据建筑实测图纸，部分辅以三维建模，用技术图则方式解析里院的环境布局、平面布置、围护结构等规划建筑诸元素。胶州路以南、济宁路以东地块技术图则详见图6-9～图6-30所示。

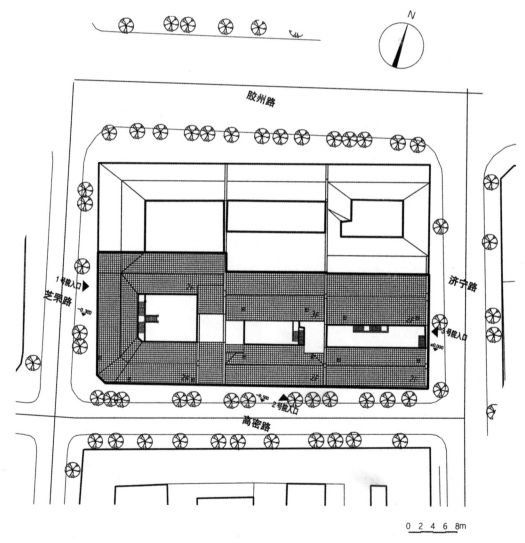

0 2 4 6 8m

图6-9　总平面图

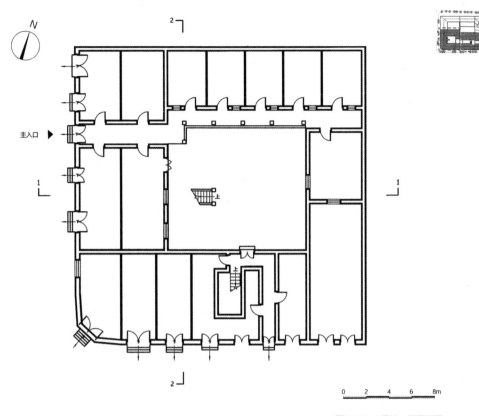

主入口 ▶

0 2 4 6 8m

图6-10 1号院一层平面图

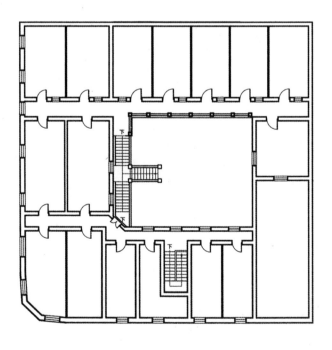

0 2 4 6 8m

图6-11 1号院二层平面图

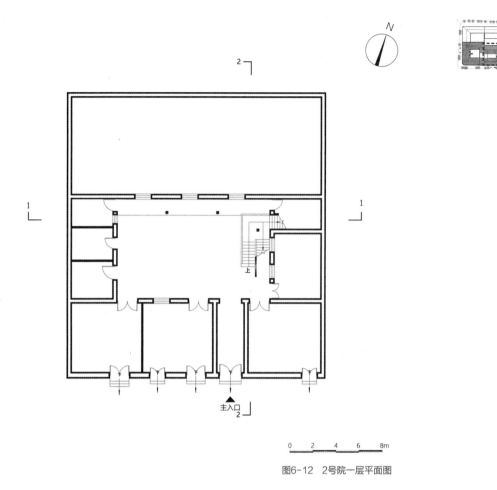

图6-12 2号院一层平面图

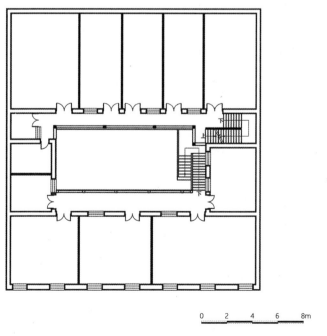

图6-13 2号院二层平面图

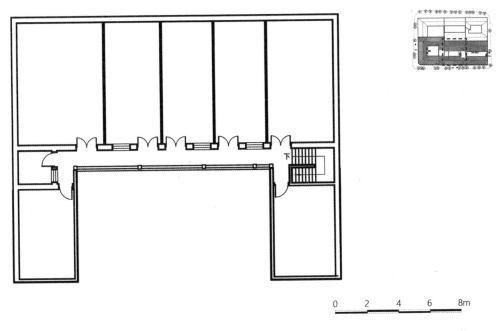

0   2   4   6   8m

图6-14 2号院三层平面图

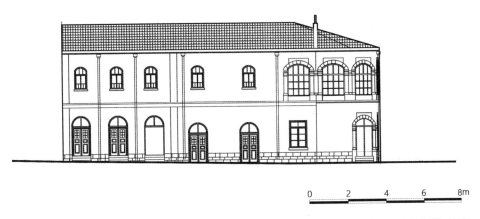

0   2   4   6   8m

图6-15 沿芝罘路立面图

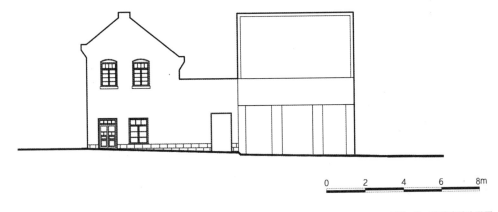

0   2   4   6   8m

图6-16 沿济宁路立面图

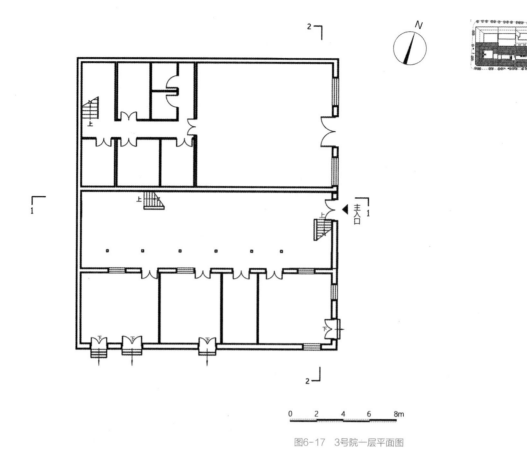

图6-17　3号院一层平面图

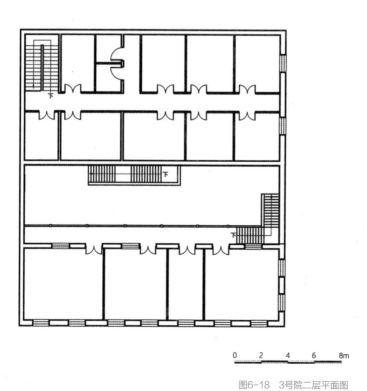

图6-18　3号院二层平面图

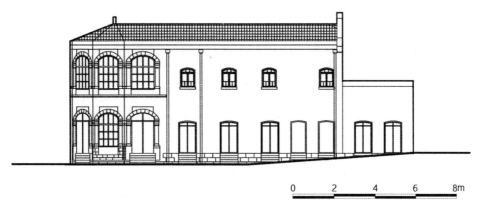

0　　2　　4　　6　　8m

图6-19　1号院沿高密路立面图

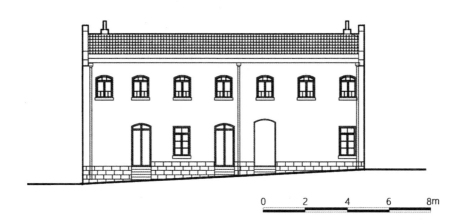

0　　2　　4　　6　　8m

图6-20　2号院沿高密路立面图

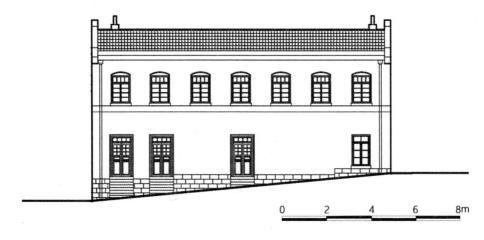

0　　2　　4　　6　　8m

图6-21　3号院沿高密路立面图

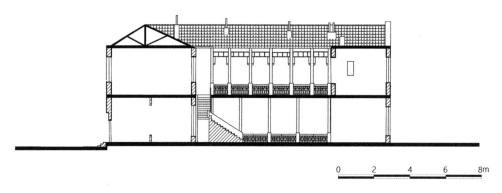

0　　2　　4　　6　　8m

图6-22　1号院1-1剖面图

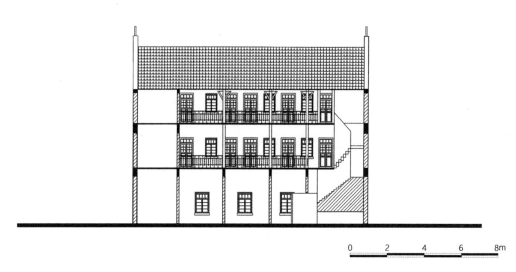

0　　2　　4　　6　　8m

图6-23　2号院1-1剖面图

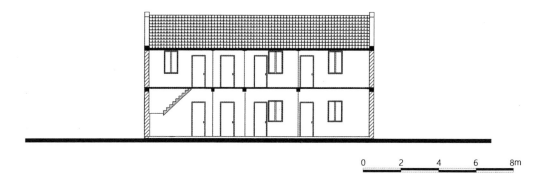

0　　2　　4　　6　　8m

图6-24　3号院1-1剖面图

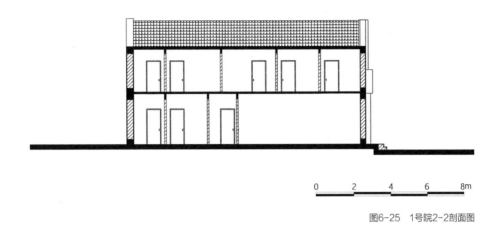

0　　　2　　　4　　　6　　　8m

图6-25　1号院2-2剖面图

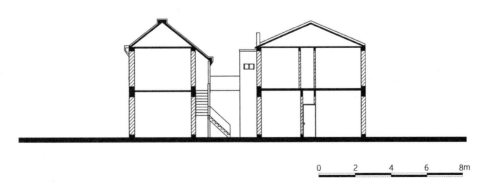

0　　　2　　　4　　　6　　　8m

图6-26　2号院2-2剖面图

0　　　2　　　4　　　6　　　8m

图6-27　3号院2-2剖面图

图6-28　窗户大样图（一）

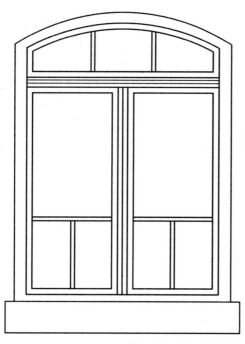

图6-29　窗户大样图（二）

图6-30　栏杆大样图

第七章

广兴里

第一节   建筑概述

广兴里位于青岛高密路56号，海泊路63号，北面是高密路，西靠博山路，南临海泊路，东侧易州路。街区长67m，宽50m；广兴里依地势而建，呈东高西低的格局。广兴里原来是四开门，分别开向4个街道，两两对称。建筑以海泊路和博山路的地面作为基准线，并通过半层的楼梯通往其他两个大门，底层部分设有地下室，院内局部为3层建筑，院外看为2层，建筑充分利用了周边的地势高差增添了使用的活动空间。

广兴里是大鲍岛区最早兴建的一批里院，始建于德占初期，主体建成于德占末期，是青岛殖民史的鲜活见证。最初只有西侧沿博山路的一面，是德国人所建的商业网点房，后来才合拢成四面相围的典型的里院式格局。最多时居民达300多户。广兴里无论从占地面积、天井开阔、人口数量、年代久远哪个方面来说，都堪称岛城之最。

20世纪的四五十年代是广兴里的鼎盛时期。1958年为解决气割厂职工住宿，在原中央区域搭建了板房，院落空间格局有了明显变化。广兴里的门头自1952年换成"吉庆商场"；改革开放后变成个体，因面积太小原住户慢慢搬出去，吊铺现象消失，外来租户变多。1987年左右进行大修，重新换上水泥、木头；1990年以后，开始"退路进市"，广兴里开始衰落；2000年及2014年出现两场较大火灾；2015年政府对广兴里进行征收；2017年开始进行火灾修复，主要是失火部分立面修复以及整体结构加固。

广兴里围合形制是"口"字。广兴里临街而建，受西方商住式住宅风格影响，一层窗台以下的墙基采用青岛的花岗石，窗台以上以黄色墙面为主，并装饰有线脚，屋顶采用红瓦铺成的坡屋顶，屋顶局部建有山墙，并开有天窗，达到了很好的通风采光效果。街道与内庭院以门洞相接，门洞为拱券形式，院内采用外廊式建造方式，内院的设计是中国本土建筑风格的体现，外廊为木质，涂有鲜艳

图7-1　鸟瞰图

图7-2　内部南立面图

图7-3　内部西立面图

醒目的红色油漆，内部房间多数面积不大，起居、餐饮、娱乐等多个空间交叉混杂，无明显分割。

广兴里在4个路口交叉处均为抹角的转角处理。黄棕色墙面，海泊路立面东高西低，呈6段跌落面，每3窗扇为一节奏，有少量天窗。拱门顶部的拱心石微微凸出墙面。

博山路立面北高南低，分为3个高度段。除两端各有两个竖长窗外，中段为2:1的长窗上有半圆起拱，共计8个，中间两个拱窗间距仅一壁柱，其他窗间距为大于窗宽的窗间墙。

图7-4　大门入口（一）

图7-5　大门入口（二）

图7-6　内部南立面图

图7-7　细部图

第二节　技术图则

　　依据建筑实测图纸，部分辅以三维建模，用技术图则方式解析里院的环境布局、平面布置、功能流线等规划建筑诸元素。广兴里技术图则详见图7-8～图7-19所示。

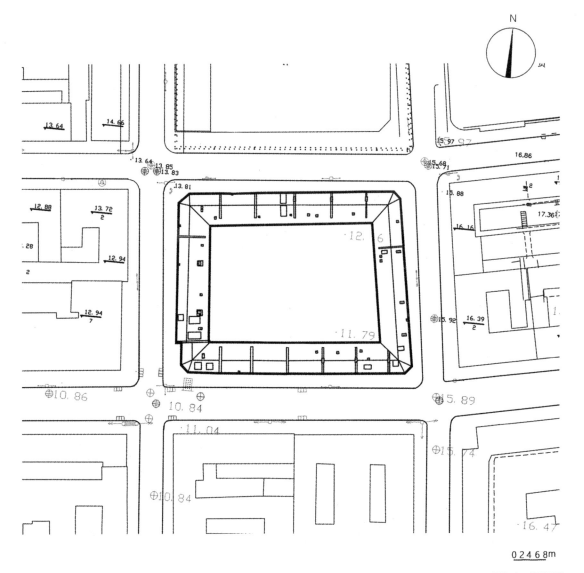

02468m

图7-8　总平面图

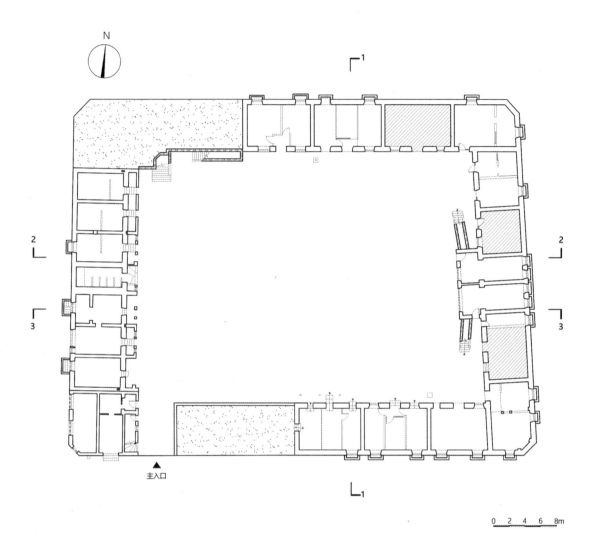

主入口

0 2 4 6 8m

图7-9 广兴里一层平面图

0 2 4 6 8m

图7-10 沿海泊路立面图

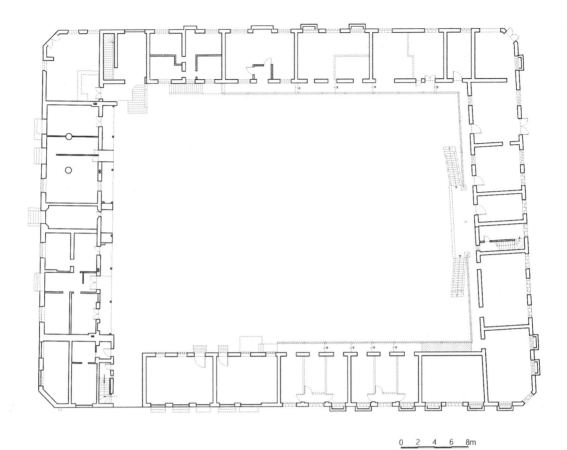

0 2 4 6 8m

图7-11 广兴里二层平面图

0 2 4 6 8m

图7-12 沿高密路立面图

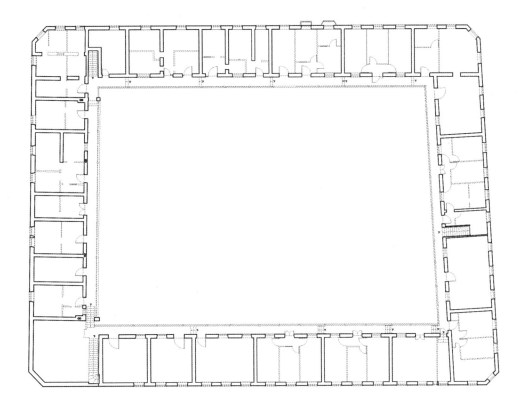

0 2 4 6 8m

图7-13 广兴里三层平面图

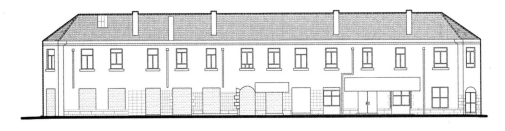

0 2 4 6 8m

图7-14 沿易州路立面图

0 2 4 6 8m

图7-15 沿博山路立面图

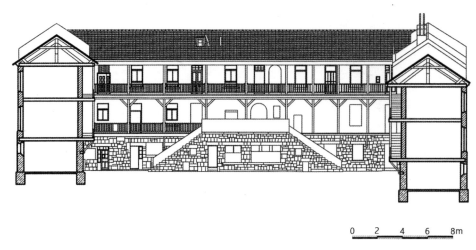

0 2 4 6 8m

图7-16 广兴里1-1剖面图

0 2 4 6 8m

图7-17 广兴里2-2剖面图

0 2 4 6 8m

图7-18 广兴里3-3剖面图

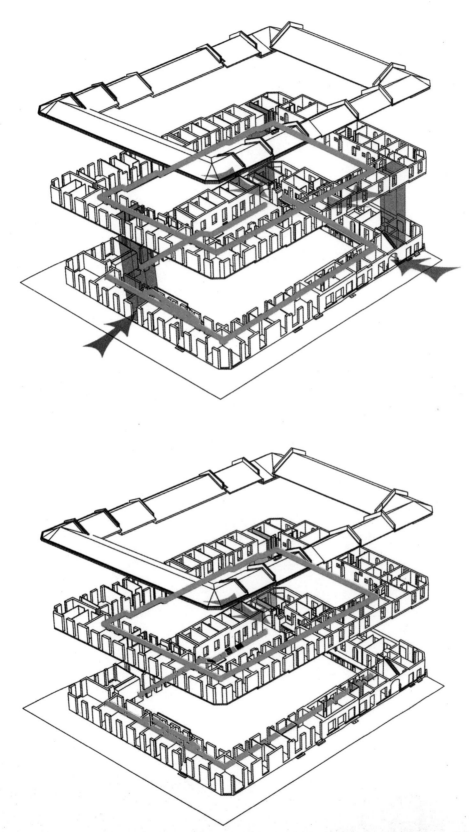

图7-19　建筑流线分析图

第八章

天德塘、九如里

第一节　建筑概述

天德塘位于市北区博山路56号，是民族资本家高学志（人称高五）在1930年创建的。它是旧青岛最大的澡堂，盖成后楼高4层，设有电梯，开设女子部、男女家庭浴盆。那时候青岛只有几家企业有电梯，普通百姓为了坐一次电梯而到天德塘去洗澡。尤其是小孩子，只要洗澡，便嚷嚷要去天德塘。

天德塘的开业是20世纪30年代根据中山路商圈的繁荣，为商家和百姓的需要而设立，服务设施、服务房间、服务项目都参照当时最好的澡堂子，三新楼和玉生池而添加，浴池高质量的服务让许多商家的雇员和老板纷纷前来捧场，买卖做得相当红火。"头戴盛锡福，脚踏新盛泰，身穿谦祥益，看戏上中和，吃饭春和楼，洗澡天德塘。"旧时的天德塘，是老青岛文化生活独具特色的组成部分。

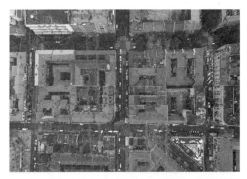

图8-1　院落鸟瞰图

新中国成立后，天德塘归饮食服务公司领导管理，1971年时加盖了2层，变成了地下1层和地上5层。天德塘改造后是拥有总建筑面积3252m²的6层楼房，除浴池外，又增设了旅馆部、美发厅、洗衣部、小卖部、旅客食堂等，成为青岛市浴池业最大的综合性服务单位。地下一层和一层是大众男浴池；二层从1993年起就有了桑拿浴，这在当时青岛是第一家；三层是有隔断的男单间盆浴池；四层原本是女淋浴池，后来让出了大部分面积给男单间豪华浴池；五层是旅馆，这些是2001年被买断前的构造。2001年春天，天德塘被内部职工个人买断，2001~2008年之间，天德塘易手了两三次，仅有地上两层是桑拿浴，其他楼层基本都闲置了。2008年以后，天德塘闲置至今。

图8-2　内院立面图（一）

现在天德塘已列入了中山路欧陆风情区房屋征收范围之内。由于多年未营业，门头已经破败。天德塘立面外观5层，上面两层深红粉刷，与下部黄色系砖墙隔以混枭线脚，开窗较周围里院明显较宽。立面开窗有节奏，从左到右开竖长窗以3、3、1、2为节奏，其间隔以凸出墙面的壁柱。底下3层窗间墙与窗宽近1∶2。上面两层窗间墙与窗近1∶1。混枭线脚强调了水平线，而上下贯通的壁柱则有垂直向上的延伸感，引人仰望。三层窗上方为深红色的混

图8-3　室内图

枭线脚，上加一段墙面，四层窗窗台线为混枭线脚，微微凸出的壁柱与混枭线脚构成接近柱头的样式。正门上方仍可见天德塘招牌，上有三角山花，门侧为简化变形的西洋柱以强调入口。山墙面为中黄色拉毛处理，这是民国以来山东本地工匠的拿手做法。墙身表面粗糙，肌理感强，有鲜明的时代特色与地方工艺特色。

九如里位于海泊路与四方路之间的街坊，是1932年浙商金升卿所建商住楼房。九如是传统祝颂之辞，语出《诗经·小雅·天保》，即如山、如阜、如冈、如陵、如川之方至、如月之恒、如日之升、如南山之寿、如松柏之茂。沈鸿烈时期规定，大鲍岛区域建筑翻建时应将转角改为圆角，方便汽车转弯。现今九如里的圆转角，正是当时根据调整的规定做出的。而里院建筑在路口的转角处理，也成为判断建成年代的重要依据之一。

图8-4　内院立面图（二）

图8-5　细部图

图8-6　沿街街景（一）

图8-8　沿街街景（二）

图8-7　外立面

图8-9　装饰细节图

第二节　技术图则

　　依据建筑实测图纸，部分辅以三维建模，用技术图则方式解析里院的环境
布局、平面布置、功能流线、围护结构等规划建筑诸元素。天德塘、九如里技术
图则详见图8-10~图8-31所示。

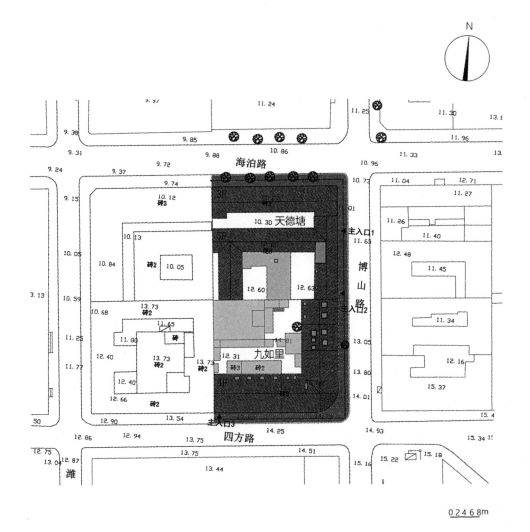

图8-10　总平面图

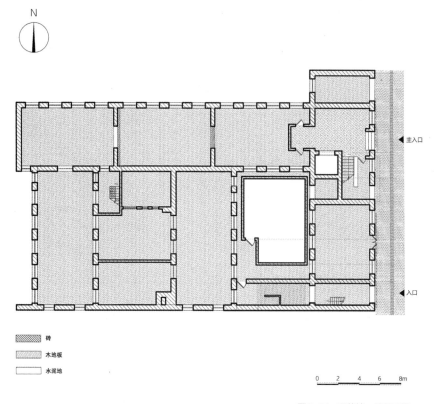

主入口

入口

砖
木地板
水泥地

0 2 4 6 8m

图8-11　天德塘一层平面图

0 2 4 6 8m

图8-12　沿博山路立面图

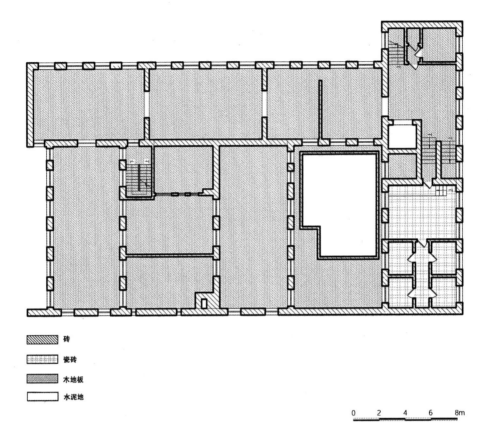

砖

瓷砖

木地板

水泥地

0   2   4   6   8m

图8-13 天德塘二层平面图

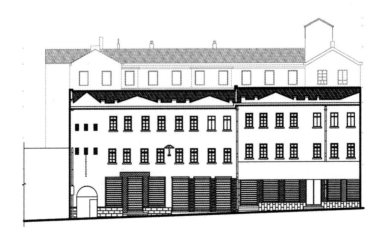

0   2   4   6   8m

图8-14 沿海泊路立面图

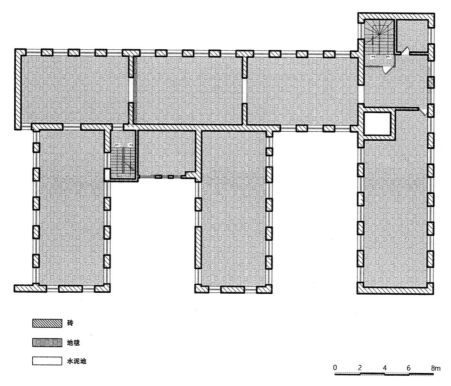

砖

地毯

水泥地

0 2 4 6 8m

图8-15 天德塘三层平面图

0 2 4 6 8m

图8-16 沿四方路立面图

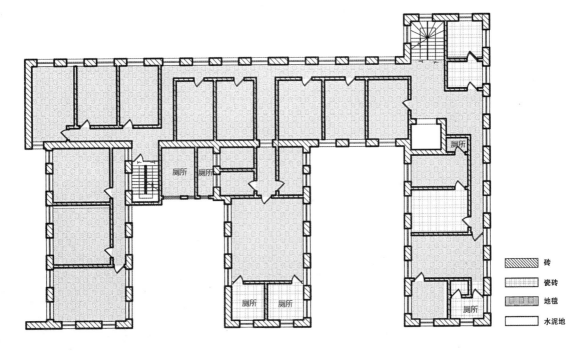

砖

瓷砖

地毯

水泥地

0   2   4   6   8m

图8-17 天德塘四层平面图

图8-18 原大门大样图

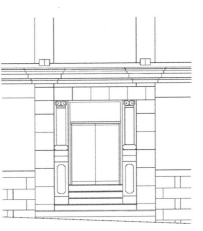

图8-19 大门大样图

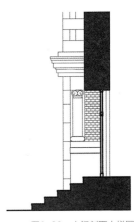

图8-20 大门剖面大样图

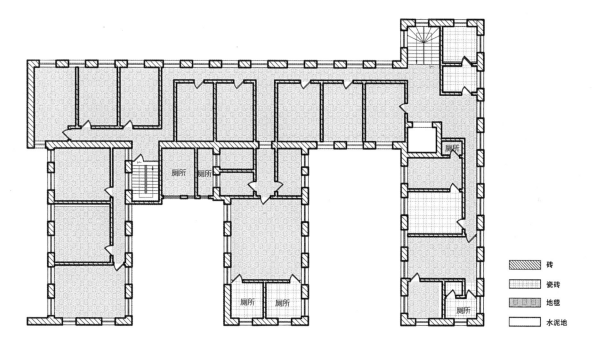

砖
瓷砖
地毯
水泥地

0　　2　　4　　6　　8m

图8-21　天德塘五层平面图

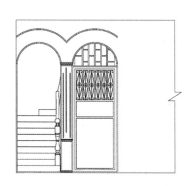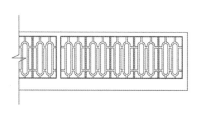

图8-22　大样图

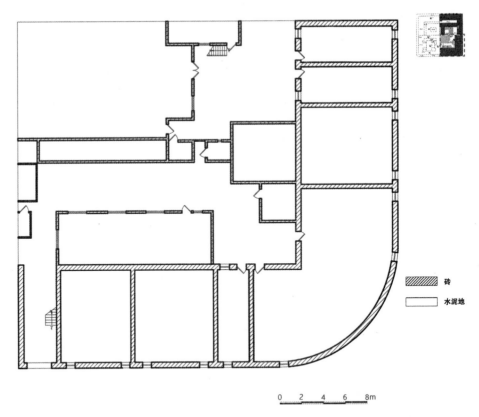

砖
水泥地

0　2　4　6　8m

图8-23　九如里地下一层平面图

N

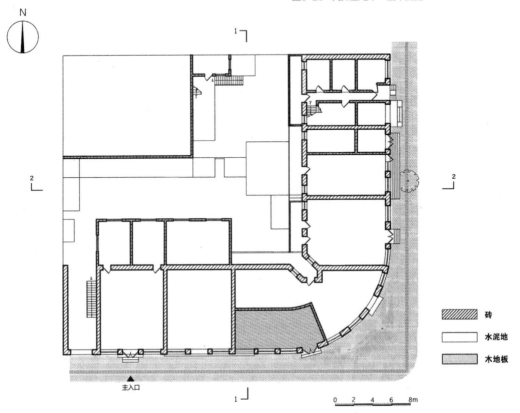

砖
水泥地
木地板

主入口

0　2　4　6　8m

图8-24　九如里一层平面图

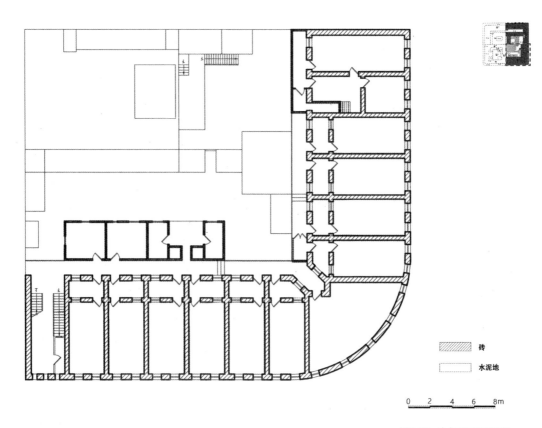

砖

水泥地

0 2 4 6 8m

图8-25 九如里二层平面图

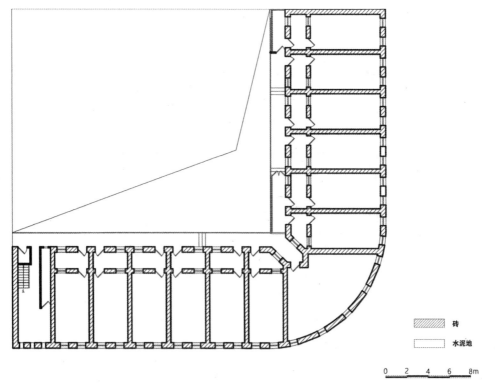

砖

水泥地

0 2 4 6 8m

图8-26 九如里三层平面图

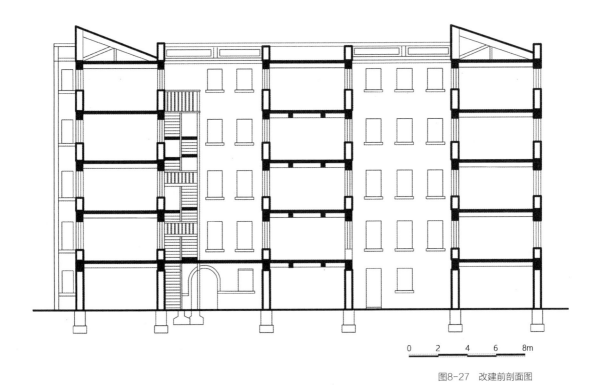

0　　2　　4　　6　　8m

图8-27　改建前剖面图

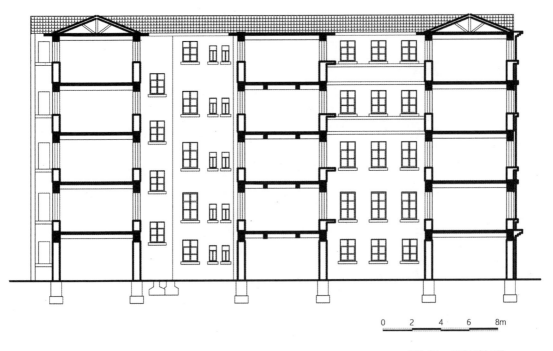

0　　2　　4　　6　　8m

图8-28　改建后剖面图

0　　2　　4　　6　　8m

图8-29　九如里1-1剖面图

0　　2　　4　　6　　8m

图8-30　九如里2-2剖面图

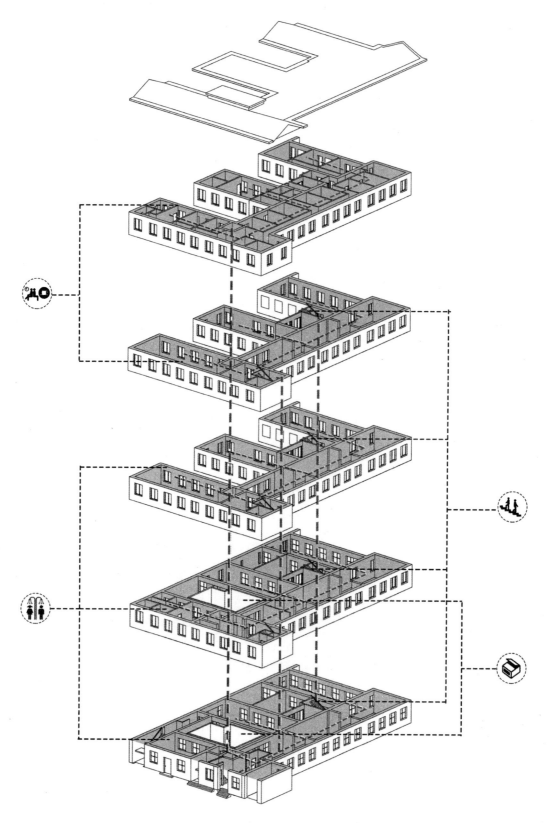

图8-31　功能分区分析图

第九章

博山路19号、21号院落

□ 第一节 建筑概览
□ 第二节 技术图则

第一节　建筑概览

博山路19号、21号，在博山路与四方路交叉口附近，位于博山路的东侧，对面为曾经的青岛第一大澡堂"天德塘"。建筑面积约4854.5m²，用地面积约为1920.4m²，容积率2.5，建筑密度0.7，建筑高度在10~15m之间，建筑层数多为2~3层。

两个院子中间用一面约一层高的墙来分割，共用院子上方的空间。两个院子都为4层，由于博山路地形坡度较大，从沿街的入口进入后到达的是建筑的二层。19号院的外廊为混凝土柱子及护栏，而21号院中仍然保留着木质的支撑和栏板。据《青岛里院建筑》记载，2014年7月对博山路19、21号调研结果显示：21号院中居住居民已经很少，位于一层的公共水池和卫生间看上去也已经废弃，而19号院中仍然居住着大量的居民。而在目前，两者均没有居民在其中居住，属于拆迁范围内。

博山路19号院位于博山路、四方路路口，居于博山路东侧，四方路北侧，院洞门编号所在为建筑西立面。这栋大楼主体3层，有地下1层，门洞口上方有浅浮雕式的匾额，上书"向阳院"。在转角临四方路的部分，有非常明显的人工假石，这是民国时期20世纪三四十年代，新里院典型风格。以砖混结构为主，墙体主体材料为内部填充砖外加抹灰，沿街侧挂黄色石材，楼板和楼梯为混凝土，楼板主要为木质结构。水泥路面，上层做沥青。屋顶形式采用双坡屋顶，坡度缓和，转角部位突起，强调其中心位置，南侧开有老虎窗。单坡屋顶只有从院内才能看清楚，双坡屋顶和单坡屋顶围合感较弱，内向指向性较强。博山路21号建筑结构为砖木结构，墙体大部分是灰浆饰面的外墙，内侧砖砌抹灰。楼板主要为木质结构。仅西侧采用双坡屋顶，其余均采用单坡屋顶。单坡屋顶只有从院内才能看清楚。整体采用砖木结构，屋盖为三角形的西式木屋架。梁支撑楼板，水泥地面。从底层到顶层由红色木柱支撑，顶层回廊柱子端部的装饰做工精致，形成三角形的Y形支撑。

图9-1　博山路19号、21号院内　　　　图9-2　博山路21号院内　　　　图9-3　博山路19号、21号中庭

图9-4 19号院局部

图9-5 21号院局部（一）

图9-6 21号院局部（二）

图9-7 21号院屋顶局部

图9-8 21号院屋顶排水管道

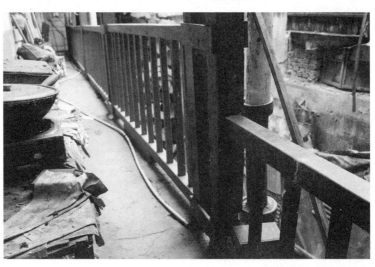

图9-9 21号院二层外廊

第二节　技术图则

　　依据建筑实测图纸，部分辅以三维建模，用技术图则方式解析里院的环境布局、平面布置、功能流线、围护结构、采光及通风等规划建筑诸元素。博山路院落技术图则详见图9-10～图9-34所示。

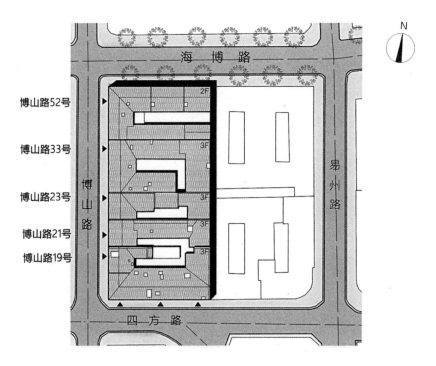

0 2 4 6 8m

图9-10　总平面图

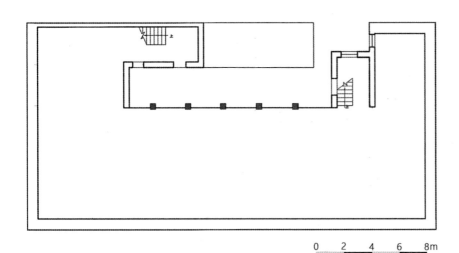

图9-11 博山路19号地下一层平面图
（垃圾堆积，无法测量）

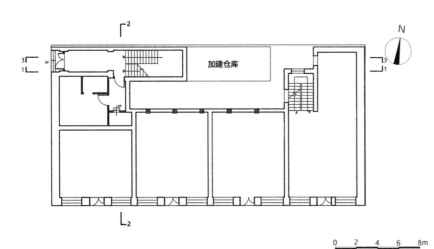

图9-12 博山路19号一层平面图

图9-13 博山路19号沿四方路立面图

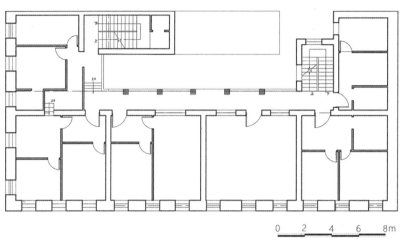

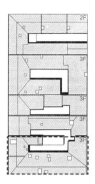

0　2　4　6　8m

图9-14　博山路19号二层平面图

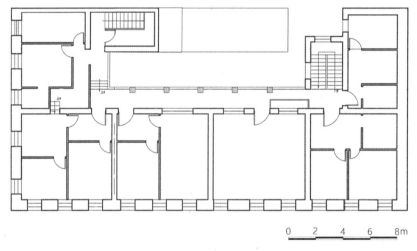

0　2　4　6　8m

图9-15　博山路19号三层平面图

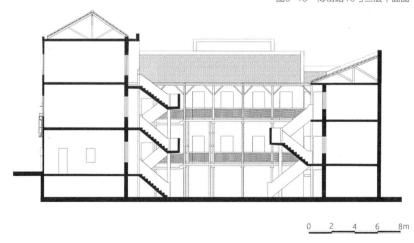

0　2　4　6　8m

图9-16　博山路19号1-1剖面图

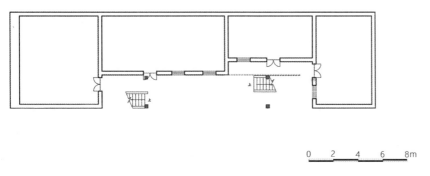

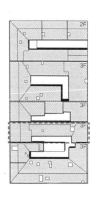

图9-17　博山路21号地下一层平面图

0　2　4　6　8m

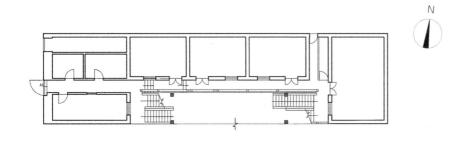

N

0　2　4　6　8m

图9-18　博山路21号一层平面图

0　2　4　6　8m

图9-19　博山路19号2-2剖面图

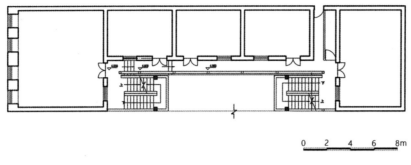

图9-20　博山路21号二层平面图

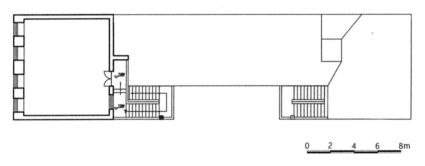

图9-21　博山路21号三层平面图

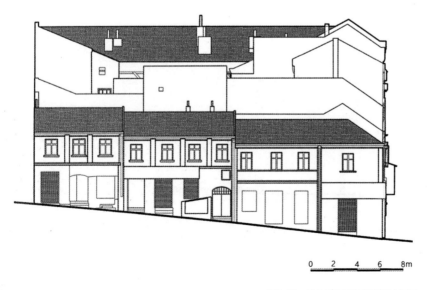

图9-22　博山路21号沿海博路立面图

国内的窗户大多以向外开为主，而博山路里院所有窗扇都是向内拉开，此设计是为了方便人们清洁玻璃。

该两扇窗均分为两层，内外边框尺寸不同，交错拼合，没有一点缝隙；下方倾斜构件也是斜向错缝拼合，十分严谨。

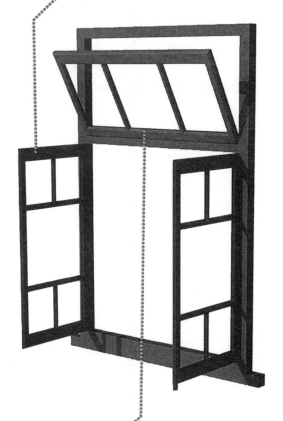

上部高窗打开方式是纵向小角度内倾斜，这样既透气又不会漏雨；不过窗户无排水孔，无法将不小心渗入的积水排出。

两扇窗户中间有一个突出的木条，与一扇窗户连接在一起，关窗后木条会盖住窗缝，保证不让雨水渗透进屋中。

图9-23

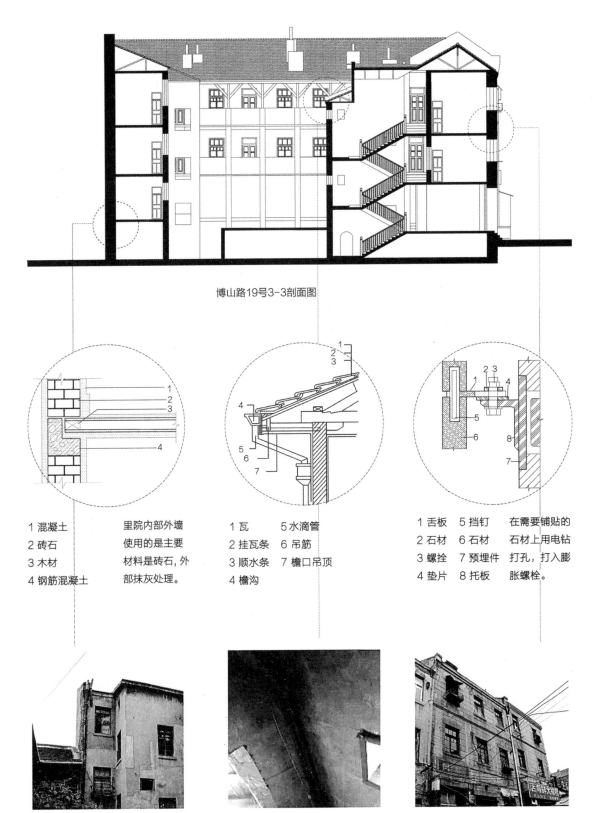

博山路19号3-3剖面图

1 混凝土　　　里院内部外墙
2 砖石　　　　使用的是主要
3 木材　　　　材料是砖石, 外
4 钢筋混凝土　部抹灰处理。

1 瓦　　　　5 水滴管
2 挂瓦条　　6 吊筋
3 顺水条　　7 檐口吊顶
4 檐沟

1 舌板　　5 挡钉　　在需要铺贴的
2 石材　　6 石材　　石材上用电钻
3 螺栓　　7 预埋件　打孔, 打入膨
4 垫片　　8 托板　　胀螺栓。

图9-24　构造详图

流线图

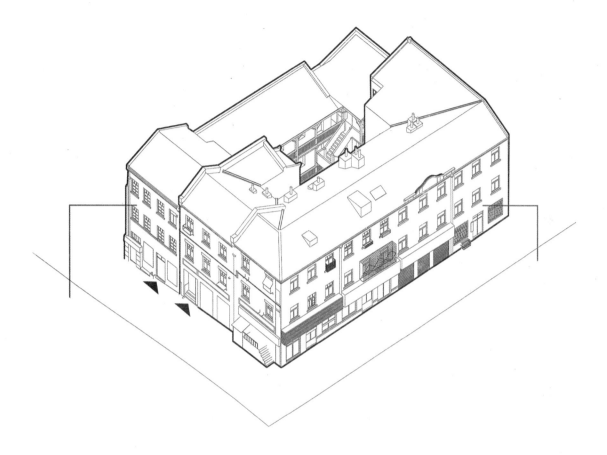

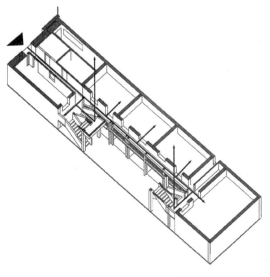

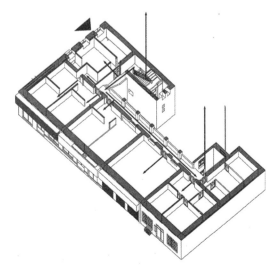

图9-25　博山路21号　　　　　　　　　　　　　　　　　图9-26　博山路19号

通风分析

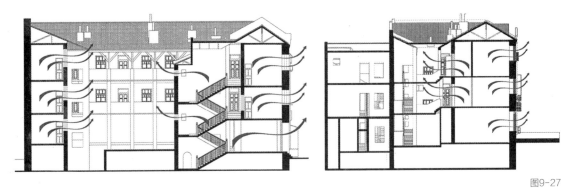

图9-27

采光分析

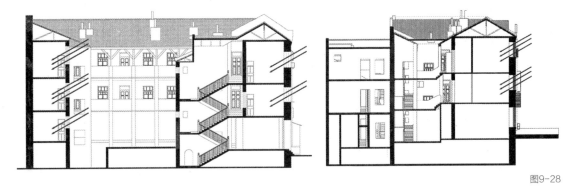

图9-28

剖面灰空间

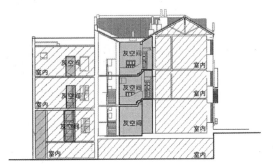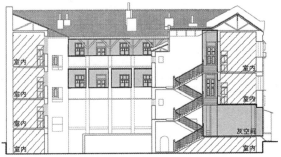

图9-29

立面材质分析

图9-30

图9-31

图9-32

建筑在沿博山路一侧使用土黄色混凝土砌块，可以看出这栋建筑与其余建筑不同，采取砖混结构（图9-30）。

建筑在沿四方路和海泊路一侧大面积使用砂浆水泥抹面，覆盖了原有的纯色水泥（图9-31）。

建筑主要在沿博山路一侧使用纯色水泥抹面，没有覆盖砂浆（图9-32）。

模型效果图

图9-33

图9-34

第十章

介寿里

第一节　建筑概述

　　在海泊路与四方路中间，有一个由四个院子组成的大院，大院里住着一百多户人家。大院的结构呈田字形，东面的易州路与北面的海泊路42号，各建有一个式样相同的门洞。初建时，四个院落互相串通，被称为"介寿里"。

　　"介寿"两字取自《诗经》中："为此春酒，以介眉寿"和《周颂》中："以介眉寿，永言保之"，皆为祈祝长寿之意。大院院名系由清代学者王土序题写，就这样一个小小的院落也会有这么美好，这么有诗意的由来。后来院子几经改建，南北院分成两个互不相连的院落。但人们仍然习惯称其为南介寿里和北介寿里，或简称南院北院。

　　介寿里街区总边长约为66m，由八个2~3层的里院靠背对接而成，每个里院只设一个出入口与街道相连，每个里院地面高度不尽相同。介寿里沿街建筑立面随道路坡度呈梯级状起伏，使城市街道呈现出阔朗明亮、规整有序而又富有节奏的空间意象。[1]

　　介寿里的海泊路42号院落，进入门洞后正对直跑楼梯，上得平台后，其左右为两个俯瞰高度相似而空间迥异的院落。右手边的小院二层外廊顺地势起伏，屋角处红色木构架交接，极有特色。左手边是2层局部3层的小院，地面螺旋上升，空间俯仰有趣。因底层（下沉层）为餐饮，院内油污不堪。但小尺度空间的盘旋极有学习考察价值。

图10-1　内院立面图

图10-2　鸟瞰图

[1] 赵晓芳. 青岛德占时期建筑的美学研究 [D]. 济南：山东大学历史文化学院，2008.

图10-3　内院

图10-4　海泊路42号入口

图10-5　内院立面图

图10-6　细部图（一）

图10-7　细部图（二）

第二节 技术图则

依据建筑实测图纸，部分辅以三维建模，用技术图则方式解析里院的环境布局、平面布置、功能流线、采光及通风等规划建筑诸元素。介寿里技术图则详见图10-8～图10-33所示。

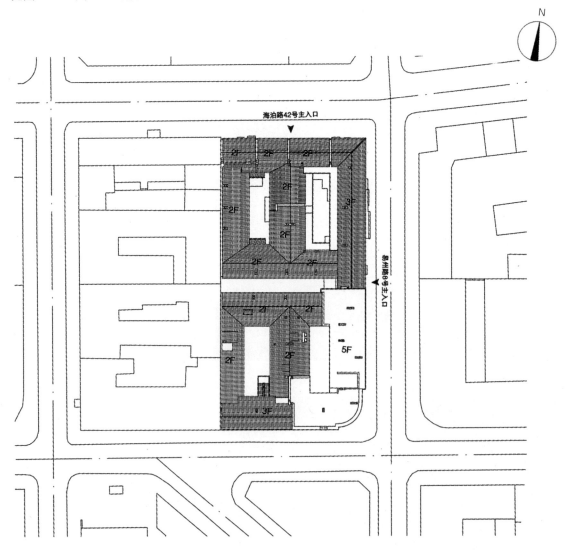

0 2 4 6 8m

图10-8 总平面图

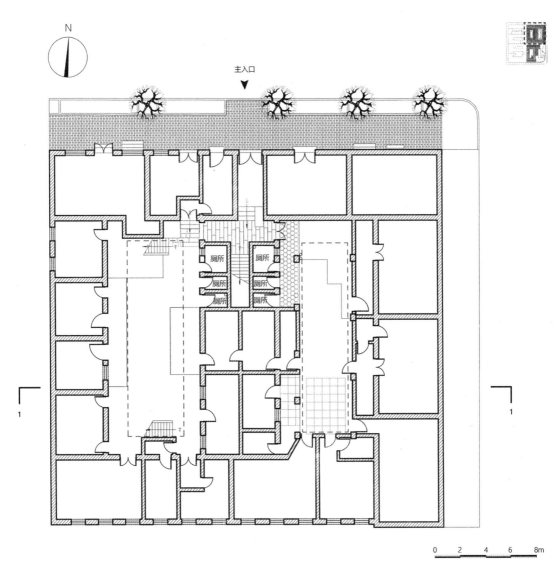

图10-9 海泊路42号0.9m处平面图

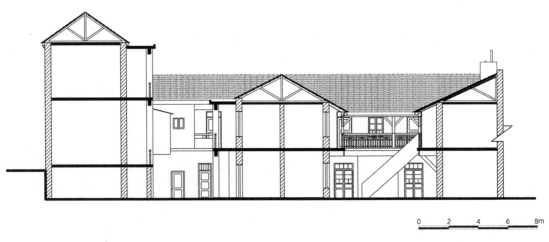

图10-10 1-1剖面图

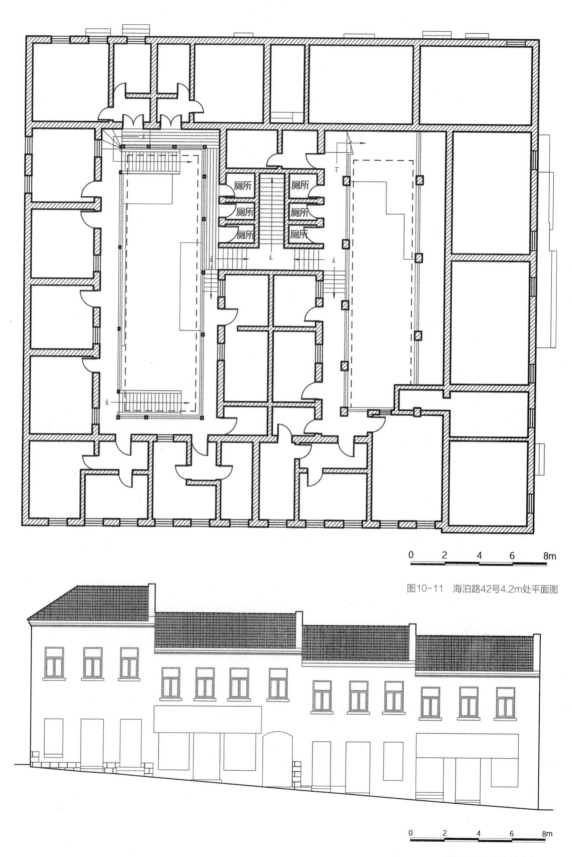

厕所 厕所
厕所 厕所
厕所 厕所

0 2 4 6 8m

图10-11 海泊路42号4.2m处平面图

0 2 4 6 8m

图10-12 沿海泊路立面图

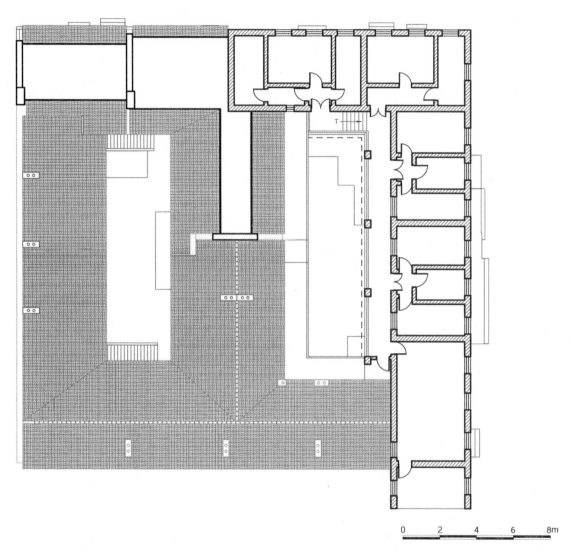

图10-13　海泊路42号7.5m处平面图

图10-14　沿易州路立面图

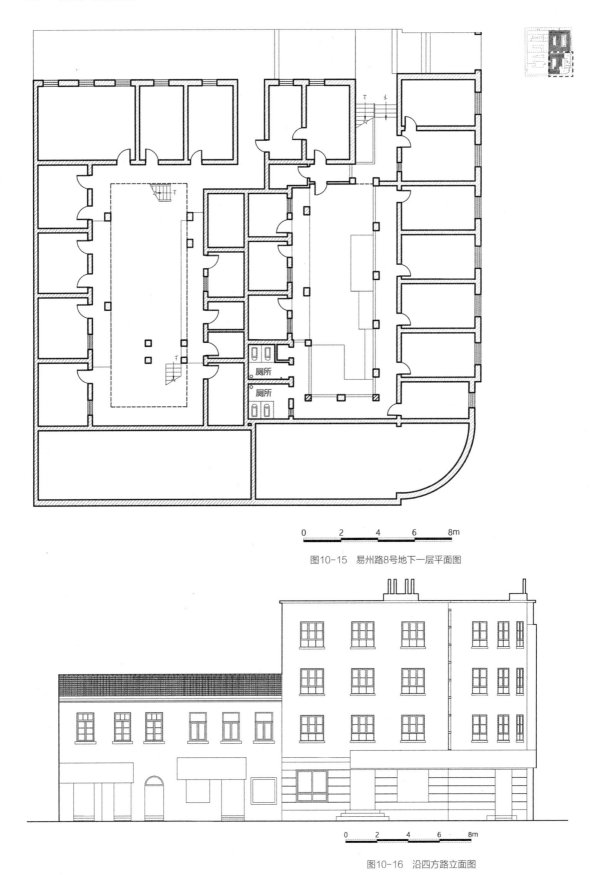

厕所

厕所

0　　2　　4　　6　　8m

图10-15　易州路8号地下一层平面图

0　　2　　4　　6　　8m

图10-16　沿四方路立面图

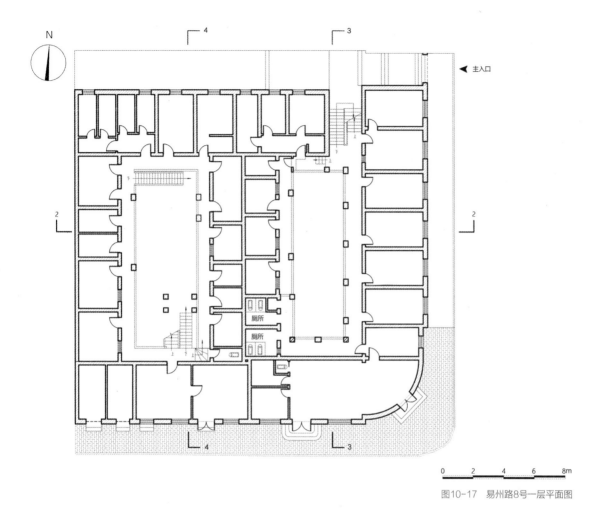

厕所

厕所

N

主入口

图10-17　易州路8号一层平面图

0　2　4　6　8m

图10-18　2-2剖面图

0　2　4　6　8m

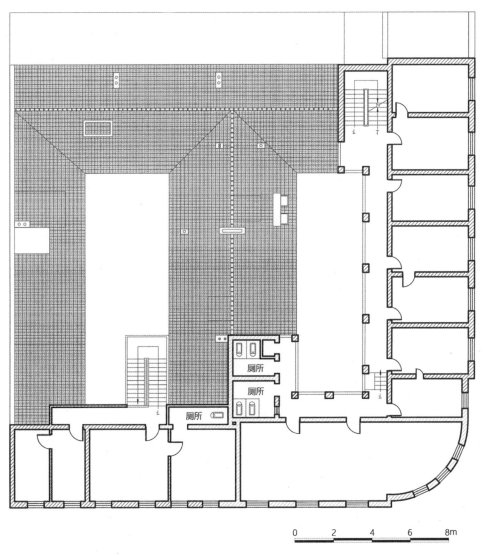

厕所

厕所

厕所

0 2 4 6 8m

图10-19 易州路8号二层平面图

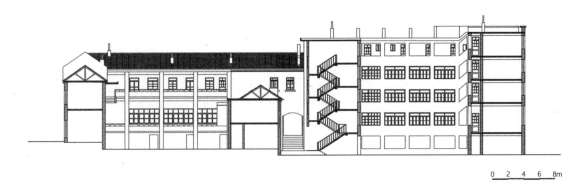

0 2 4 6 8m

图10-20 3-3剖面图

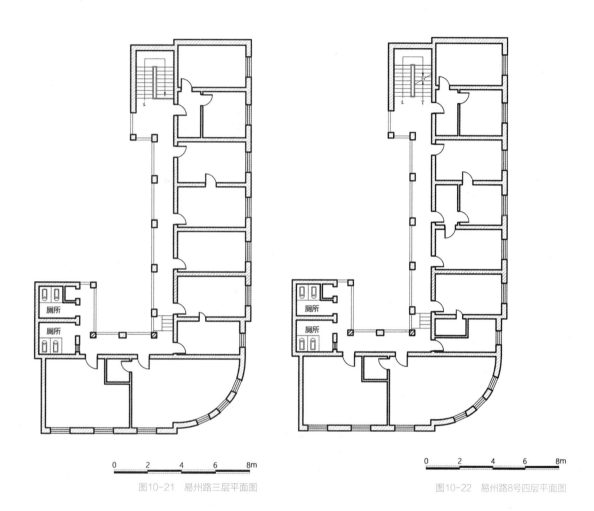

图10-21　易州路三层平面图

图10-22　易州路8号四层平面图

图10-23　4-4剖面图

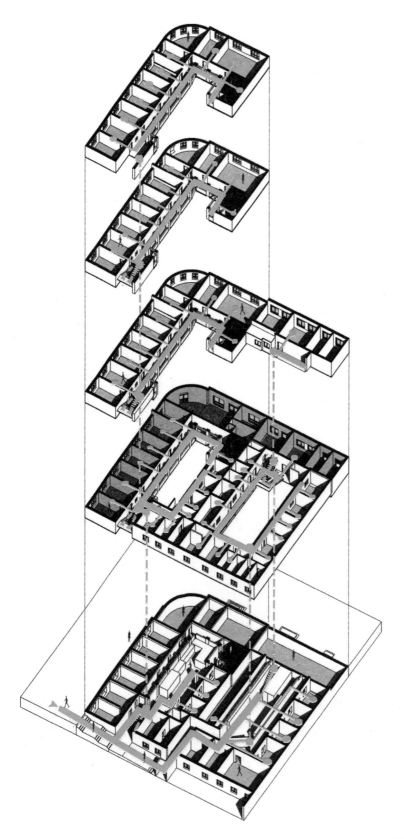

公共厕所

公共空间

私密空间

水平交通

垂直交通

图10-24 易州路8号功能流线分析

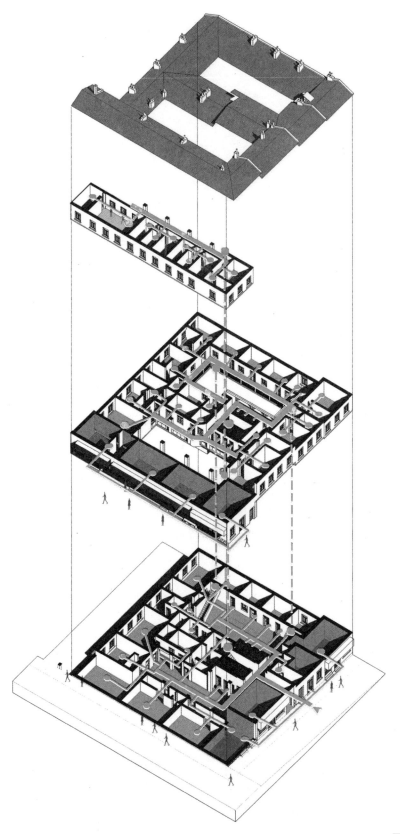

公共厕所

公共空间

私密空间

水平交通

垂直交通

图10-25　海泊路42号功能流线分析

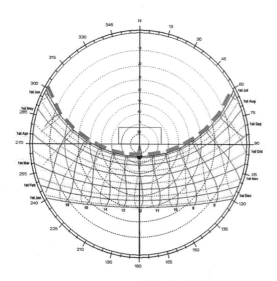

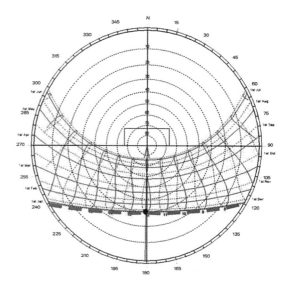

图10-26　夏至日球极平面投影

图10-27　冬至日球极平面投影

图10-28　夏至采光分析

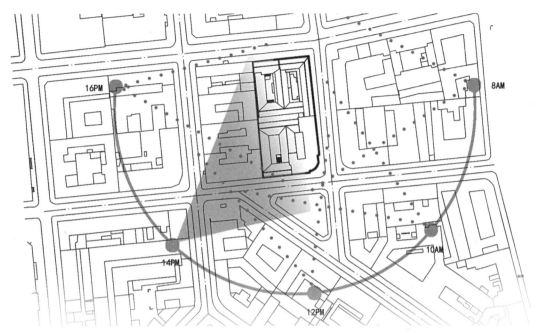

图10-29　采光分析

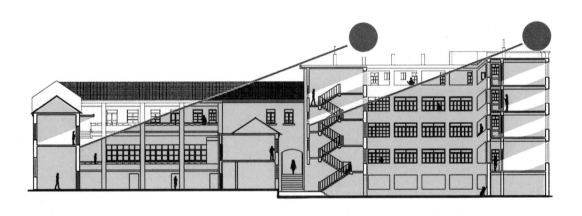

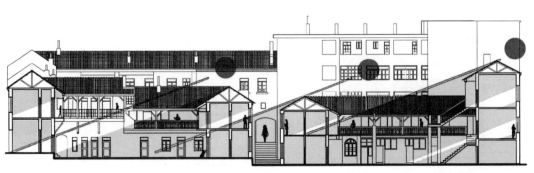

图10-30　冬至采光分析

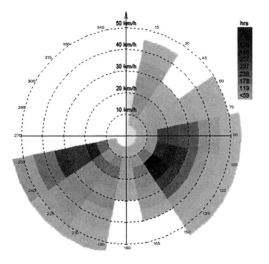

图10-31 全年风向频率

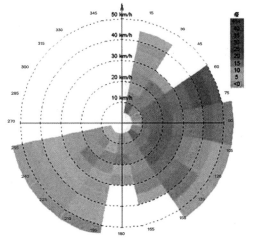

图10-32 全年平均风速

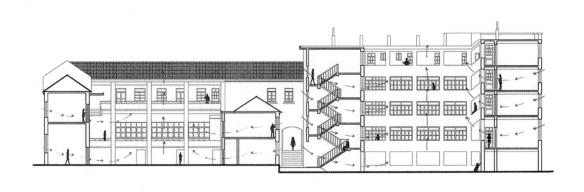

图10-33 通风分析

第十一章

易州路29号、高密路36号、海泊路43号院落

第一节   建筑概述

  易州路29号、高密路36号、海泊路43号属青岛市南区里院建筑群南段，位于易州路以西，高密路以南，海泊路以北，其中海泊路43号为"泰福里"。南面隔街为中山路水产市场，北侧为东方贸易大厦，在路口极目眺望，可见天主教堂耸立的双顶。

  该里院的平面形态很有特色，为"L"形和"I"形的组合，加之后来修建的砖砌平房，共同构成了其平面形态。这种平面形态的形成过程与逻辑是该片区里院的共性，即前期规划与后期生长形态的结合，从而具有统一性与灵活性的合一，使得该片区形成了完整且独特的城市肌理。这种规划思想源自德占时期，当时的规划师采用德国柏林的规划方式，将其直接移植到青岛的本土规划，同时学习中国其他殖民地的建筑形态，融合中国传统的居住习俗，再结合丘陵地带特有的起伏因地制宜，使得青岛里院成为一种移植于德国，又扎根生长于青岛本土的新型建筑形态。

  西立面上的易州路35号正对着广兴里的易州路大门，35号楼院右手边，毗邻海泊路的里院即易州路29号大楼。易州路29号为早期里院制式，建筑为砖木混合结构，主体两层均为砖砌，顶部采用木构。它不似欧人区有严格的结构规定，这种建造形式可以降低成本，并且建造相对快速。其在一层使用砖作为支撑材料，而在二层或顶层使用木结构支撑，这样既可以保证整个里院底部结构的稳定性，同时又减轻了上层的自重；减少对于下面楼层的压力，同时，使用木结构轻便快捷，且节省造价。

图11-1　易州路29号、高密路36号、海泊路43号屋顶细节图

图11-2　易州路29号、高密路36号、海泊路43号外廊

图11-3　易州路29号、高密路36号、海泊路43号鸟瞰图（该图由北向南拍摄，与总平面方向相反）

图11-4　外立面图（一）

图11-5　外立面图（二）

图11-6　内部图（一）

图11-7　内部图（二）

图11-8　楼梯细部图

图11-9　窗户细部图

第二节   技术图则

依据建筑实测图纸，部分辅以三维建模，用技术图则方式解析里院的环境布局、平面布置等规划建筑诸元素。易州路29号技术图则详见图11-10～图11-16所示。

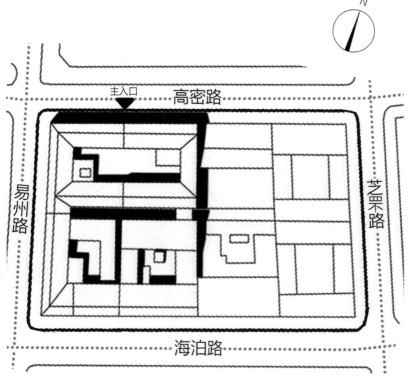

0 2 4 6 8 m

图11-10   易州路29号总平面

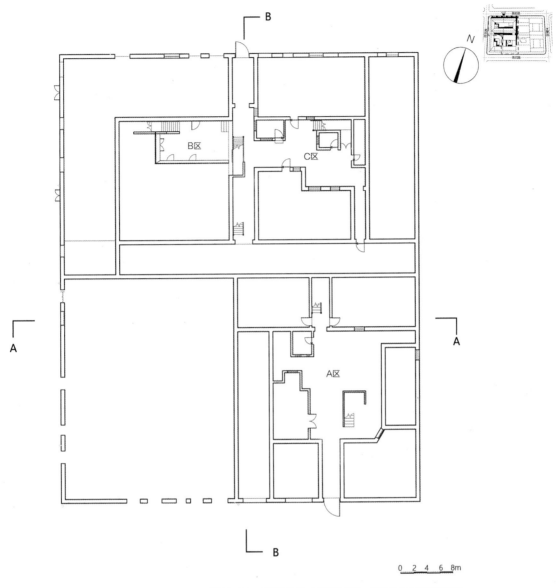

图11-11 易州路29号、高密路36号、海泊路43号首层平面图

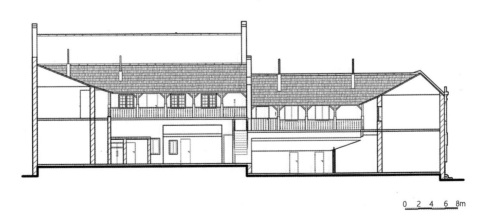

图11-12 易州路29号、高密路36号、海泊路43号北立面图

0　2　4　6　8m

图11-13　易州路29号、高密路36号、海泊路43号西立面图

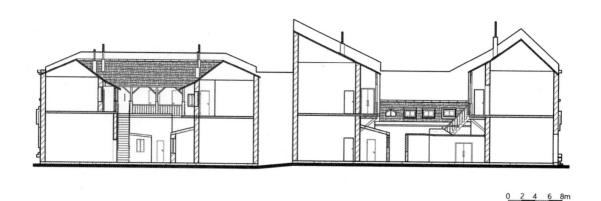

0　2　4　6　8m

图11-14　易州路29号、高密路36号、海泊路43号B-B剖面图

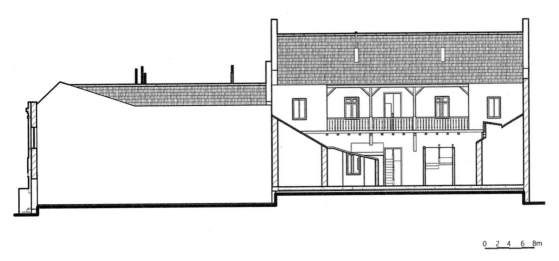

0　2　4　6　8m

图 11-15　易州路 29 号 A-A 剖面图

0　2　4　6　8m

图 11-16　易州路 29 号南立面图

参考文献

1. 赖德霖，伍江，徐苏斌. 中国近代建筑史第一卷[M]. 北京：中国建筑工业出版社，2016.

2. 赖德霖，伍江，徐苏斌. 中国近代建筑史第四卷[M]. 北京：中国建筑工业出版社，2016.

3. 徐飞鹏. 中国近代建筑总览：青岛篇[M]. 北京：中国建筑工业出版社，1992.

4. 徐飞鹏. 青岛历史建筑1891—1949[M]. 青岛：青岛出版社，2005.

5. 青岛市史志编纂委员会. 青岛市志·城市规划建筑志[M]. 北京：新华出版社，1999.

6. 李行杰，孙德汉. 山东区域文化通览·青岛卷：青岛文化通览[M]. 山东：山东人民出版社，2012.

7. 青岛市档案馆，中国第一历史档案馆. 胶州湾事件档案史料汇编[M]. 青岛：青岛出版社，2011.

8.（德）阿泰尔特. 青岛城市与军事要塞建设研究：1897～1914[M]. 青岛市档案馆译. 青岛：青岛出版社，2011.

图书在版编目（CIP）数据

图解青岛里院建筑/赵琳等著. —北京：中国建筑工业
出版社，2019.5
ISBN 978-7-112-23543-8

Ⅰ. ①图…　Ⅱ. ①赵…　Ⅲ. ①民居－建筑艺术－
青岛－图解　Ⅳ. ①TU241.5-64

中国版本图书馆CIP数据核字（2019）第057199号

责任编辑：费海玲　焦　阳
责任校对：王　烨

图解青岛里院建筑
赵琳　成帅　徐飞鹏　王辉　著
*
中国建筑工业出版社出版、发行（北京海淀三里河路9号）
各地新华书店、建筑书店经销
北京锋尚制版有限公司制版
天津翔远印刷有限公司印刷
*
开本：787×1092毫米　1/16　印张：10　字数：300千字
2019年8月第一版　2019年8月第一次印刷
定价：55.00元
ISBN 978-7-112-23543-8
（33844）